AF261007

Compendio de tesis de
**investigación en Reducción
de Riesgos de Desastres**

Compendio de tesis de
investigación en Reducción de Riesgos de Desastres

Hola Publishing Internacional
Eugenio Sue 79, int. 4, Col. Polanco
Miguel Hidalgo, C.P. 11550
Ciudad de México, México

Primera edición, Septiembre 2024
ISBN: 978-1-63765-683-9

La información contenida en este libro es estrictamente para propósitos informativos. A menos que se indique otra situación, todos los nombres, personajes, negocios, lugares, eventos e incidentes en este libro son producto de la imaginación del autor o usados de manera ficticia. Cualquier parecido con personas reales, vivas o muertas, o eventos actuales, es pura coincidencia.

Hola Publishing Internacional es una empresa de autopublicación que publica ficción y no ficción para adultos, literatura infantil, autoayuda, espiritual y libros religiosos. Continuamente nos esmeramos para ayudar a que los autores alcancen sus metas de publicación y proveer muchos servicios distintos que los ayuden a lograrlo. No publicamos libros que sean considerados política, religiosa o socialmente irrespetuosos, o libros que sean sexualmente provocativos, incluyendo erótica. Hola se reserva el derecho de rechazar la publicación de cualquier manuscrito si se considera que no se alinea con nuestros principios. ¿Tiene una idea para un libro que quisiera que consideremos para publicación? Por favor visite www.holapublishing.com para más información.

ÍNDICE

Escuela Nacional de Protección Civil
Campus Universitario Chiapas

En la Escuela Nacional de Protección Civil Campus Universitario Chiapas, nos esforzamos por profesionalizar a personas que se dedicarán a la Protección Civil y la Reducción de Riesgos para transferir sus conocimientos en la construcción de comunidades más seguras, más humanas y resilientes.

Nos destacamos por nuestra calidad académica, contamos con más de 150,000 metros cuadrados de terreno, donde se ubican nuestras instalaciones y escenarios para prácticas profesionales. Somos una institución educativa dedicada a fortalecer y consolidar, mediante procesos de preparación, enseñanza-aprendizaje y certificación, la capacidad de personas, empresas e instituciones en la Gestión Integral del Riesgo, generado por la ocurrencia de fenómenos perturbadores.

Formamos parte de la administración pública, surgiendo en 2010 como un proyecto de innovación. Actualmente operamos con recursos propios y finanzas sanas y estamos consolidada como una de las mejores instituciones; por nuestras aulas han circulado más de 19,476 alumnos.

Contamos con una oferta educativa creada por especialistas de esta misma escuela, abordando temas de actualidad, y del mundo globalizado, con un enfoque en prevención y Reducción de Riesgos de Desastres. Dentro de nuestra oferta hay cursos, diplomados, licenciaturas, maestrías y doctorados. Además de la de nuestro país, nuestra institución atiende la demanda de países de Centroamérica, América del Sur, y Angola, África.

Carretera Emiliano Zapata Km. 1.9, Terán C.P. 29050.
Tuxtla Gutiérrez, Chiapas.
Teléfono: (961) 61 551 78, 615 47 12
https://www.proteccioncivil.chiapas.gob.mx/

PRÓLOGO

Cada vez que tengo oportunidad, en mis clases universitarias y en las presentaciones que llevo a cabo en distintos escenarios —generalmente relacionados con esta crisis compleja (que ya se reconoce como una crisis civilizatoria) que hoy enfrenta nuestra especie humana de manera fractal, desde la dimensión planetaria hasta la individual, pasando por la continental, la nacional, la municipal, la local e incluso la familiar y, no pocas veces, la individual— comparto la siguiente historia que en mi infancia me contaba mi mamá:

Según su relato, cuando a su abuelo —o sea a mi bisabuelo—, que a principios del siglo pasado ejercía la medicina en Popayán (mi ciudad natal en el suroccidente colombiano), lo llamaban de alguna casa para que fuera a visitar a una persona enferma, lo primero que él hacía después de examinarla era ir a la despensa y a la huerta de la casa de la persona y recetaba lo que encontrara allí que podía mitigar su enfermedad. Y si ni en la despensa ni en la huerta encontraba algo que pudiera ayudar con la sanación (lo cual solía ser excepcional), entonces iba a su laboratorio y preparaba la medicina adecuada.

Cuento esta historia porque estoy convencido de que la mayoría de los remedios —o por lo menos los gérmenes de esos remedios—, que en este caso son las estrategias para enfrentar muchos de los desafíos que en cada territorio impone la crisis actual, se encuentran en las despensas y en las huertas de los territorios mismos. No olvidemos que el territorio es el resultado del matrimonio indisoluble entre las dinámicas de los ecosistemas y las dinámicas humanas. Los remedios no están allí como meras ideas o propuestas, sino como experiencias concretas y tangibles por medio de las cuales las comunidades, muchas veces con el apoyo de las instituciones y en alianza con la naturaleza y sus dinámicas, han logrado generar resistencia y resiliencia para enfrentar los impactos de las crisis y para superar sus efectos cuando los desastres no se han podido evitar.

Antes de intentar inventar y experimentar con soluciones inéditas (lo cual a veces resulta inevitable), conviene explorar esas despensas y esas huertas para encontrar las estrategias nacidas *del* terruño y *para* el terruño, generalmente a partir de los diálogos de saberes (que hoy prefiero llamar "diálogos de cosmovisiones") entre los conocimientos ancestrales y los aportes de la ciencia y de la técnica moderna. Una vez halladas y visibilizadas esas estrategias, es nuestra obligación buscar la manera de que dejen de ser curiosidades aisladas y se conviertan en políticas públicas.

Esta publicación a la que el Doctor Luis Manuel García Moreno (Secretario de Protección Civil de Chiapas e Integrante del Comité Académico-ENAPROC) y el Capitán Juan Antonio Vargas Reyes (Director de la Escuela Nacional de Protección Civil Campus Universitario Chiapas) me han hecho el honor de invitarme a prologar, constituye nada menos que una especie de catálogo de saberes y estrategias que han sido identificadas, analizadas y sistematizadas en los distintos territorios en los cuales las y los estudiantes de la escuela han realizado sus investigaciones.

En la presentación del libro titulado *Gestión Estratégica del Riesgo de Desastres* (2024) a la que el autor, el Arquitecto-Ingeniero Roberto Téllez Robledo[1], hoy Doctor en Gestión Integral de Riesgos y Protección Civil (según título otorgado por la ENAPROC), también me hizo el honor de invitarme, relaté que después de haber sido nombrado profesor de la materia "Temas selectos de Protección Civil y Vulnerabilidad", precisamente de ese Doctorado, tuve la osadía de manifestar al coordinador del programa que yo con mucho gusto orientaría esa materia, pero que prefería no tener que calificar. Él me manifestó que esa sí era una obligación, ante lo cual yo le propuse que, bueno, al final de cada ciclo a cada estudiante le asignaría una calificación, pero a partir de lo que yo aprendiera de cada uno durante esos cuatro sábados en que nos encontraríamos con cada cohorte. Y así ha sido hasta hoy (Julio 25 de 2024), cuando estoy próximo a terminar mi acompañamiento a la Quinta Cohorte del Doctorado en Gestión Integral de Riesgos y Protección Civil.

He tenido oportunidad de compartir con las y los doctorantes los aprendizajes adquiridos en varias situaciones

---

[1] El Doctor Tellez Robledo fue la primera persona en recibir en México el grado de Doctor en Gestión Integral de Riesgos y Protección Civil. En ese momento tenía 82 años de edad "y sigue tan campante"

de desastre, en algunas de las cuales ha estado en mis manos la responsabilidad de dirigir los procesos de recuperación de los territorios y las comunidades afectadas. Aquí en la ENAPROC he encontrado sobre todo la valiosísima oportunidad de aprender de quienes, al tiempo que están cursando esa materia, han tenido en el pasado, y hoy siguen teniendo a su cargo, compromisos concretos en el sector público y en el sector privado, en medios de los riesgos que la crisis le está generando a cualquier actividad.

La sesión del sábado 20 de Julio de 2024 la dedicamos, por ejemplo, a analizar los desafíos que los Sistemas de Alerta Temprana, y en general para la Gestión del Riesgo de Desastres, le imponía el ciber-colapso que en muchos lugares del mundo había bloqueado a los sistemas de Microsoft. Lo maravilloso fue comprobar que las y los estudiantes de esa cohorte no solamente tenían claros cuáles eran esos desafíos, y los riesgos que generaban, sino también cuáles eran las estrategias disponibles para enfrentarlos, muchas de ellas basadas en saberes y prácticas de las comunidades locales. Se fortaleció entonces mi convicción de que para cualquier país constituye una ventaja invaluable contar con grupos humanos que representen una concentración de saberes como los que existen en estos cursos que ofrece la ENAPROC. Contar con un *think tank*, como se denomina en inglés —cuando busqué en la red una adecuada traducción al español, me contestó la Inteligencia Artificial:

Un think tank, o tanque de pensamiento, es un grupo de expertos o institución que se reúne para investigar o reflexionar sobre temas relevantes, como la política, la economía, la educación, la salud o la cultura. Los think tanks pueden estar vinculados o no a partidos políticos o grupos de presión, pero suelen tener una orientación ideológica que se hace más o menos evidente ante la opinión pública. Sus resultados, en forma de consejos o directrices, pueden ser utilizados por partidos políticos u otras organizaciones para su actuación.

> *Los think tanks se basan en valores como la independencia, el diálogo, la pluralidad, el rigor, la transparencia, el buen gobierno, la igualdad y la sostenibilidad. Su objetivo es liderar los debates sobre estudios internacionales y estratégicos, no solo en nuestra sociedad, sino también más allá de nuestras fronteras. La expresión "laboratorio de ideas" se considera preferible al anglicismo "think tank".*

Fue tan afortunada la respuesta que recibí, que debo confesar que se moderaron las sospechas que generalmente albergo frente a la llamada "Inteligencia Artificial".

Pero bueno, a lo que vinimos:

Las páginas que siguen —cuyo contenido resume de manera afortunada el Doctor García Moreno en la Introducción— constituye un catálogo, y un testimonio de experiencias, de saberes existentes y de nuevos conocimientos generados a lo largo de las investigaciones de las y los estudiantes de los cursos, diplomados, licenciaturas, maestrías y doctorados que ofrece la ENAPROC.

Esta publicación puede no ser es exhaustiva, pero constituye una buena muestra de lo que existe en las despensas y en las huertas de los territorios mexicanos en materia del continuum Gestión Ambiental-Gestión del Riesgo de Desastres-Gestión Climática.

Con base en los que ha vivido el mundo (particularmente América Latina) en los últimos años, se pueden construir escenarios prospectivos de lo que ha de venir y de lo que nuestros territorios (Ecosistemas X Comunidades) deberán afrontar. Publicaciones como esta contribuyen que esos escenarios también incluyan un abanico de enfoques y de conceptos-herramientas para concertar las estrategias de resistencia y resiliencia con las cuales podamos responder.

Gustavo Wilches-Chaux

INTRODUCCIÓN

¡Conocer más, para prevenir mejor!

Sin duda, tanto docentes como algunos de nuestros egresados de la Escuela Nacional de Protección Civil Campus Universitario Chiapas, han dejado una profunda huella, sea como alumnos o investigadores, que es considerable en tanto acciones de política pública. Así, durante el tiempo que tomó la compilación de la información de estas tesis (hablando con los autores titulares para integrar la información de sus tesis de investigación a este compendio) vinieron con frecuencia a mi memoria recuerdos de los tiempos en los que visionábamos la creación de esta institución, que hoy es una realidad.

El Informe de Percepción de Riesgos Globales 2023 (GRPS en inglés) presenta los resultados de la última encuesta y analiza lo más severo, emergente y rápidamente cambiante que el mundo probablemente experimentará durante los próximos diez años, explorando las crisis climáticas, ambientales y sociales impulsadas por las tendencias geopolíticas y económicas subyacentes que siguen siendo el foco de atención. Además, toma en cuenta la pérdida de la biodiversidad, la seguridad alimentaria y el consumo de recursos naturales que acelerarán el colapso de los ecosistemas[2].

En el periódico El Economista, en palabras de Luis Miguel González, se señala que los acontecimientos del 2023 lo convierten en el año más caliente de la historia, sobrepasando el récord del 2016[3]. Así se abren las puertas a escenas dantescas en todo el mundo, dando cuenta que el año pasado se presentaron incendios en bosques de Canadá y Grecia e inundaciones en Libia. En los Estados Unidos de Norteamérica se reportaron 25 eventos de clima extremo, incluyendo huracanes, incendios, tornados y olas de calor.

En Argentina fue un año de pésimas cosechas, se registró también falta de agua en un lago crucial para el funcionamiento del Canal de Panamá. Esta maravilla de ingeniería del siglo XX se vio obligada a reducir su nivel de operaciones. De acuerdo con González (2024), en México más de la mitad del territorio nacional presentó afectaciones por sequía y problemas severos de abasto de agua en poblaciones importantes de San Luis Potosí, pero nada más dramático que el huracán Otis destrozando Acapulco,

---

[2] Word Economic Forum. Global Risks Report 2023.
Informe de Riesgos Globales 2023 del Foro Económico Mundial: la crisis del coste de la vida y los riesgos medio ambientales son las principales amenazas. BBVA. Divulgación
https://www.jubilaciondefuturo.es/es/blog/informe-de-riesgos-globales-2023-del-foro-economico-mundial-la-crisis-del-coste-de-la-vida-y-los-riesgos-medio-ambientales-son-las-principales-am.html.

[3] Luis Miguel González. 2024: año de riesgos climáticos.
https://www.eleconomista.com.mx/opinion/2024-ano-de-riesgos-climaticos-20240117-0015.html. 17 de enero de 2024

fenómeno que puso de manifiesto la vulnerabilidad de ciudades y comunidades costeras, y la falta de compresión y lecciones aprendidas tanto en materia institucional como de la sociedad civil.

En contraste, algo nunca antes visto fue lo ocurrido por las altas temperaturas en el Pacífico, donde los vientos alisios hicieron que Otis se tornara un huracán categoría 5 en sólo unas horas. Esto no había ocurrido ni aquí ni en el mundo. Hace solamente un mes, en nuestro país oscilaban temperaturas superiores a los 40 grados, pero al paso de la tormenta tropical Alberto las temperaturas se estabilizaron y en los estados de Tamaulipas y Nuevo León se presentaron severas lluvias, ocasionando grandes pérdidas y daños a su paso. En esta última entidad, en tan sólo dos días de precipitaciones, la presa La Boca superó el 100% de su capacidad.

Para pocos es sorpresa que la problemática de los desastres a causa de fenómenos naturales, potencializados por las acciones humanas, se presentan con mayor frecuencia y con efectos devastadores a nivel mundial, incluyendo en nuestro país, implicando pérdidas económicas significativas. Ante esta problemática tan compleja, cotidiana, y dentro del espectro de la realidad, podemos preguntarnos: ¿la población mexicana, en su organización, está preparada?

Bajo una mirada alternativa, para contrarrestar los efectos de los desastres en donde el riesgo es considerado un efecto de la incertidumbre sobre los objetivos, el ascenso de la importancia del tema del cambio climático tiene como resultado el ascenso de científicos sociales de todo el mundo que están apostando por priorizar una atención urgente a estos problemas en la agenda de la investigación científica desde la academia.

La presencia de fenómenos naturales adversos, vistos como una amenaza, no es más que el producto de las interacciones, actos consientes e inconscientes del ser humano, y de prácticas vivenciales que han contribuido en la degradación del medio ambiente y que, en algunos casos, es irreversible y retrasa el crecimiento, el desarrollo y la sostenibilidad de las sociedades como entes económicos. En las Instituciones de Educación Superior (IES) y en especial en la Escuela Nacional de Protección Civil, Campus Universitario Chiapas, adquiere mayor responsabilidad el abordaje de temas como los efectos del cambio climático y las adversidades que repercuten en riesgo de desastre. Así pues, la transversalización de la educación mediante procesos de preparación, certificación y profesionalización en diferentes ofertas educativas, desde cursos, diplomados, licenciaturas, estudios de postgrado tales como maestrías y doctorados, con valores éticos y alto compromiso para la salvaguarda de la población, su patrimonio y su entorno ambiental, es esencial.

El reto implica, fundamentalmente, conservar el prestigio nacional e internacional en materia de prevención y gestión de riesgos y que las aportaciones contribuyan significativamente en cambios tanto sociales como de política pública y gestión en función de la administración pública. Tras ese telón de fondo y breve explicación, se abre un diálogo de saberes.

En respuesta al paradigma social de los desastres, desde el ámbito académico y de investigación, la Escuela Nacional de Protección Civil Campus Universitario Chiapas, busca visibilizar que lo que hacemos hoy contribuye en la transformación del mundo hacia el México que queremos, generando conocimiento inédito que aporta soluciones aplicadas y permite la construcción de comunidades resilientes y humanas.

Este campo de investigación es multidisciplinario y transfiere conocimientos globales para la atención, mitigación y reducción del riesgo de desastre para México, Centroamérica y Sudamérica, así como para el país de Angola en el continente Africano. Estos nuevos paradigmas en la prevención y gestión de riesgos aplican el conocimiento y el método científico sobre la naturaleza para conocer y transformar la realidad actual de los desastres.

¿A quiénes va dirigida esta publicación?

El cuerpo de investigadores de la Escuela Nacional de Protección Civil Campus Universitario Chiapas, ha compilado de manera resumida las investigaciones de tesis y memoria de experiencia profesional, cumpliendo con el rigor del método científico. Estas fueron seleccionadas para esta primera publicación, que abarcará estudios de posgrado, maestría y licenciatura, mismas que estimamos pertinentes a fin de producir la presente obra y ponerla a disposición del público en general, estudiosos, colegios, centros de investigación para cubrir o contribuir al vacío en la literatura con un enfoque en los riesgos de desastres.

Resulta, pues, evidente la necesidad de reflexionar en referencia a los aportes a la ciencia y contar con información oportuna y actualizada dada la escasa investigación y publicaciones en esta materia. Sin duda esta compilación será útil para los estudiosos de temas en los ámbitos de la protección civil y gestión de riesgos a estudiantes, docentes e instituciones de educación superior; servidores públicos y profesionales en valuación y transferencia de riesgos; a colegios de ingenieros civiles y centros de investigación para la transferencia de conocimientos a la sociedad, pero sobre todo a los tomadores de decisiones para que en el ámbito de la administración pública sean retomados estos conocimientos en los procesos de planeación, política pública y gobernanza del riesgo.

¿Cuáles son sus temas de investigación principales?

Esta obra contiene una riqueza de ideas e investigaciones con diferentes paradigmas, enfoques, diseños metodológicos, métodos y la aplicación de herramientas e instrumentos para el procesamiento de la información se encuentran disponibles para su consulta los siguientes temas de investigación:

- Análisis de la susceptibilidad por peligro de inundaciones y remoción de masa

- Resiliencia comunitaria

- Vulnerabilidad sísmica

- Bioclimatismo en la valuación

- Factor de ajuste de valor de inmueble

- Efecto de la ubicación en el valor inmobiliario

- Factor de proyecto arquitectónico para valuar vivienda

- Percepción social del riesgo

- Análisis de vulnerabilidad a incendios forestales

- Gobernanza en la gestión del riesgo de desastre y su impacto en la seguridad nacional

- Modelo para la gestión de riesgos meteorológicos

- Construcción social del riesgo

- Valoración de servicios ambientales

- Manejo del aceite lubricante usado

- Protección civil familiar

- Selección de sitios de redes sísmicas

- Asentamientos humanos en riesgo a deslizamiento

- Administración de emergencias

- Políticas públicas para asentamientos humanos y estaciones de gas LP

- Fomento de una cultura escolar

- Riesgos de incendios industriales

- Manejo de residuos peligrosos biológicos infecciosos

- Usos y costumbres de la infraestructura física educativa

- Profesionalización y resistencia del block
  de concreto

- Mapa por peligro de inundación

- Factores naturales y antrópicos generadores
  de riesgos

- Evaluación del riesgo por deslizamiento
  de ladera

Escuela Nacional de Protección Civil, Campus Universitario Chiapas

Esta institución educativa tiene como misión fortalecer y consolidar, mediante procesos de preparación de enseñanza-aprendizaje y certificación, la formación de licenciados, maestrandos y doctorandos en materia de Protección Civil, con valores éticos comprometidos con la salvaguarda de la población, sus bienes y su entorno a través de la Gestión Integral de Riesgos.

Con el respaldo del Gobernador del Estado, Dr. Rutilio Escandón Cadenas, esta institución de educación se ha convertido en un referente nacional e internacional, y ha experimentado un crecimiento exponencial en su matrícula y oferta académica en diplomados, licenciaturas, maestrías y doctorados, creándose los siguientes posgrados y licenciaturas:

- Doctorado en Valuación y Transferencia
  de Riesgos

- Maestría en Cambio Climático y Gestión del Territorio

- Maestría en Desarrollo Humano

- Maestría en Gestión del Agua

- Licenciatura en Urgencias Médicas Prehospitalarias

- Licenciatura en Protección Civil y Piloto Aviador

- Licenciatura en Gestión del Agua

- Ingeniería en Gestión del Riesgo

En su matrícula escolar pasó de 183 alumnos en el año 2018 a 3,880 alumnos en el presente ciclo escolar 2024, de los cuales 465 cursan los diferentes programas académicos de doctorado y maestría, y 529 en los diferentes programas de licenciatura. Asimismo, 2,886 alumnos están en la modalidad de diplomado, entre los que se encuentran:

- Integración de Programas Internos de Protección Civil

- Gestión de Riesgos

- Resiliencia y Reducción de Riesgos

- Unidades Internas de Protección Civil

- La Protección Civil en el Hogar

- Aprovechamiento Sustentable del Agua

Cabe señalar que, desde el inicio de actividades en la Escuela Nacional de Protección Civil, Campus Universitario Chiapas, en el año 2010, a la fecha, se tiene un registro histórico de 19,476 alumnos que han sido formados en sus aulas.

Dr. Luis Manuel García Moreno,
Integrante del Comité Académico,
Escuela Nacional de Protección Civil
Campus Universitario Chiapas

INVESTIGACIONES DE DOCTORADO

Constructo de la resiliencia comunitaria aplicada a la Gestión Integral de Riesgos de Desastres (fenomenología hermenéutica de Tuxtla Gutiérrez, Chiapas)

Virginia Graciela Aranda Jan

Resumen

La resiliencia comunitaria es un proceso que, alineado a categorías como la identidad cultural, la cohesión social, el buen gobierno, la autoestima colectiva, la pertenencia territorial y el humor, influirán en el bienestar de las personas y en su desarrollo dentro de su propia sociedad o comunidad aún después de un desastre. En el ámbito de la Gestión Integral del Riesgo es imperativa una visión multisistémica de la resiliencia comunitaria, y es sumamente importante considerar el contexto donde las personas se desarrollan y aprenden a adaptarse, ya que impacta directamente en las estrategias para la recuperación, la construcción de estabilidad y la transformación. La resiliencia comunitaria se construye desde pilares y se destruye desde anti pilares (factores disruptivos). ¿Por qué hay comunidades que se recuperan más rápido? ¿Cómo gestionan su proceso? ¿Qué camino deberán de tomar? ¿El colapso o la transformación? Todas ellas son preguntas fundamentales. Fortalecer los factores internos y externos tanto individuales como comunitarios aunados a la percepción del riesgo permitirá impulsar nuevos modelos de adaptación al cambio.

Entonces, se deben conocer y aprender para explicar y prever, no tanto con ánimo de acertar, pero, sobre todo, para optar y lograr estrategias para la toma de decisión que permitan mejorar el entorno social (Martínez, J., 2021)[4]. La comunidad es el entorno donde las personas se desarrollan, construyen y destruyen, y es en ella desde donde el contexto toma preponderancia, ya que influye en el individuo de manera muy específica para su propio desarrollo, recuperación y respuesta ante el desastre, incluso en la adaptación al cambio. Al paso del tiempo, las comunidades se han ido convirtiendo en sistemas mucho más complejos, por lo que abordar los riegos con una perspectiva multisistémica, multifactorial y fenomenológica obliga a desarrollar capacidades meta disciplinarias y dar oportunidad al sistema de lograr la autopoiesis o reorganización. Se trata entonces de un proceso que no necesariamente conduce a un estadio igual o similar al anterior al desastre.

Esta investigación plantea nuevas categorías de análisis que conforman nuevos códigos, tomando la percepción del riesgo y la adaptación al cambio como elementos clave para la construcción de Resiliencia Aplicada a los Riesgos (RAR). El desarrollo de la investigación se realizó a través de una metodología conocida como fenomenología

---

[4] Martínez, J. (2021, june 28). Revisión de tesis de Resiliencia comunitaria aplicada a los riesgos: Fenomenología Hermenéutica de Tuxtla Gutiérrez, Chiapas, México. Personal

hermenéutica que consiste en el desarrollo de un constructo a partir de la reflexión-acción, tanto de la generación de nuevas categorías y la codificación de entrevistas a expertos, así como la revisión de documentos, textos, memorándum, entre otros. Siendo esta una investigación de tipo cualitativa, se buscó un nuevo constructo de resiliencia comunitaria y como referencia se realizó una revisión a la investigación de Martínez, J. (2021): "Año de la Independencia aplicada a la Gestión Integral de Riesgos y Desastres (GIRD) partiendo desde una construcción individual hasta la comunitaria[5]".

Palabras clave: el Yo, carácter, creatividad, toma de decisiones, resiliencia comunitaria, fenomenología, Gestión Integral de Riesgos, construcción social del riesgo, sistema complejo, meta disciplina, autopoiesis, cambio multisistémico.

Abstract

Community resilience is a process that aligned with categories such as cultural identity, social cohesion, good governance, collective self-esteem, territorial belonging and humor will influence people to be better and develop within their own society or community even after a disaster. Comprehensive risk management demand a multisystemic vision of community resilience is imperative, and it is still important to consider the context in which people develop and learn to adapt. Community resilience is built from pillars and destroyed from anti-pillars (disruptive

---

[5] Martínez, J. (2021) Resiliencia comunitaria aplicada a los riesgos: fenomenología hermenéutica de Tuxtla Gutiérrez, Chiapas, México.

factors). Why are there communities that recover faster? How do they manage their process? What path should they take? Collapse or transformation? All of them are fundamental questions. Strengthening internal and external factors, both individual and communitarian, will make possible to promote new models of adaptation to change. Then, they must be known and learned, to explain and foresee not so much with the aim of getting it right, but above all, foresee to choose and achieve strategies for decision making that allow improving the social environment (Martinez, J., 2021).

Community space is the environment where people develop, build and destroy, and it is inside it, from where the context takes preponderance since the individual is influenced in a very specific way for their own development, recovery and response to the disaster even for the adaptation to change. Over time, communities have become much more complex systems, so addressing risks with a multisystemic, multifactorial and phenomenological perspective requires developing meta disciplinary capacities and giving the system the opportunity to achieve autopoiesis or reorganization and even recreate itself. It is then a process that does not necessarily lead to a stage equal or similar to the one before the disaster. This research proposed new categories of analysis that make up new codes, taking the perception of risk and adaptation to change as key elements for the construction of Resilience Applied to Risks (RAR). The development of the research was carried out through a methodology known as hermeneutical phenomenology that consists of the development of a construct from reflection-action, both from the generation of new categories and the coding of interviews with experts, as well as the revision of documents, texts, memorandum, among others. As this is a qualitative research, a new construct of community resilience applied to comprehensive risk and disaster management (RDM) was sought, starting from an individual construction to a community one.

Keywords: the Self, character, creativity, decision making and command, community resilience, phenomenology, comprehensive risk management, social construction of risk, complex system, meta discipline, autopoiesis, multi-systemic change

Estigmatización y resiliencia inmobiliaria producidas por desastres (caso de estudio Villahermosa, Tabasco, 2007)

Jaime Guadalupe De Alba Zermeño Zenteno

Resumen

Ante el desastre, la respuesta a la emergencia requiere una adecuada evaluación de daños y pérdidas; existen varias metodologías para ello, pero es práctica común que en ellas el descrédito y con ello la pérdida de valor que sufren de los bienes raíces por la inundación no sean considerados. Si esa estigmatización aparece, significará una disminución en el valor de las viviendas, no sólo por el daño directo sufrido, sino que la aceptación y la demanda de viviendas en la zona se reducirán y el valor será alterado negativamente y con ello el patrimonio familiar.

Ejemplo significativo de estigmatización es el caso de Villahermosa, Tabasco, en 2007, donde grandes escurrimientos inundaron la mayor parte del territorio estatal, alcanzando tirantes superiores a los tres metros en algunas zonas y provocando más de un millón de habitantes afectados (Álvarez Gordillo, 2016)[6]. La presente investigación

---

[6] Ávarez Gordillo, g.d. (2016). Vulnerabilidad social de la población desplazada ambiental por las inundaciones de 2007 en Tabasco (México). Revista Colombiana de Geografía. PP.123-138.

plantea conocer el grado y permanencia del descrédito por la inundación y evaluar el proceso de recuperación de valores de los bienes raíces a través del tiempo, identificando ambos fenómenos como estigmatización y resiliencia inmobiliaria.

La estigmatización de los bienes raíces inundados se determinó en términos económicos por la influencia en su comportamiento, por las alturas de inundación y por el tipo de vivienda. Las ocurrencias posteriores de situaciones análogas también fueron identificadas.

Palabras clave: valuación, gestión de riesgos, estigmatización, resiliencia

Abstract

Faced with disasters, the response to the emergency requires an adequate assessment of damages and losses; There are several methodologies for this, but it is common practice that in them the discredit, and with it the loss of value, suffered by real estate due to the flood are not considered. If that stigmatization appears, it will mean a decrease in the value of the homes, not only due to the direct damage suffered, but the acceptance and demand for homes in the area will be reduced and the value will be negatively altered and with it the family heritage.

A significant example of stigmatization is the case of Villahermosa, Tabasco in 2007, where large runoffs flooded most of the state territory, reaching straps of more than three meters in some areas and causing more than a million affected inhabitants. This research proposes to know the degree and permanence of the discredit by the flood and to evaluate the process of recovery of real estate values over time, identifying both phenomena as stigmatization and real estate resilience.

The stigmatization of flooded real estate was determined in economic terms, the influence on its behavior by flood heights, the type of housing, subsequent occurrences of similar situations were also identified.

Vulnerabilidad sísmica de edificios escolares desplantados en suelo de transición de la alcaldía Iztapalapa, 2021

José Luis Navarro Estrada

Resumen

El presente trabajo de investigación se basa en el estudio de edificios escolares estructurados en acero, de planta baja y dos niveles, cuyo propósito se encuentra fuera de los sistemas estructurales que contienen y clasifican las normas técnicas complementarias para diseño por sismo 2017. Este estudio surge de la necesidad de saber si, antes o después de un sismo, los planteles escolares continúan funcionando o se suspende el servicio para hacer un dictamen formal y profundo del inmueble. Para ello es necesario obtener niveles de confiabilidad mediante la construcción de funciones únicas de vulnerabilidad de sencilla interpretación con métodos aproximados, a fin de correlacionar de manera preventiva el posible daño causado por un terremoto en aquellos edificios escolares que se encuentran desplantados en los suelos agrietados de la zona de transición de la alcaldía Iztapalapa, de la CDMX, a los que llamaremos "atípicos".

Palabras clave: vulnerabilidad, suelo de transición, distorsión angular, sismo, mecánica de suelos, push over

Abstract

This research work is based on the study of Steel structured school buildings, whit a ground floor and two levels, whose purpose is outside the structural systems that contain and classify the complementary technical standards for earthquake design 2017.

This study arises from the need to know whether before or after an earthquake, school facilities continue to function or the service is suspended to make a formal and in Depth opinion of the property, for this it is necessary to obtain levels of reliability through the construction of unique functions of vulnerability of simple interpretation, with approximate methods in order to preventively correlate the possible damage caused by an earthquake in those school buildings that are displaced in the cracked soils of the transition zone of the Iztapalapa mayor is office, of Mexico city, to whom we Will call atypical.

Keywords: vulnerability, transitional soils, angular distortion, earthquake, soil mechanics, push over

Bioclimatismo en la valuación y su implicación en el riesgo financiero

Ana María Soto Avilés

Resumen

En México el mercado inmobiliario para el bioclimatismo va en aumento, debido a que el cambio climático plantea la necesidad de construir edificaciones con características adaptadas al medio ambiente. Por consecuencia, los mecanismos para valuar dichas edificaciones se han vuelto necesarios. El objetivo de investigación es mostrar una metodología que incluya las principales variables de estrategias bioclimáticas y ecotécnias, en donde se analizaron 30 variables, 13 como pasivas y 17 como activas. Se utilizó una metodología descriptiva no experimental y transversal, previo diagnóstico bioclimático en donde se adecuó el método de ordenación simple; posteriormente se realizó, por medio del Análisis Proceso de Análisis Jerárquico AHP, un análisis del beneficio que aporta cada una de las variables identificadas. También se incluyó un Análisis del Retorno de la Inversión para mostrar un panorama amplio de la inversión en inmuebles bioclimáticos. Los resultados del estudio indican que el valor de la edificación aumenta según las variables aplicadas siendo la certificación de eficiencia energética la de mayor beneficio, asimismo se añade al formato de avalúo en el apartado de homologación el factor de bioclimatismo, con el cuál se ajusta de mejor manera el valor del inmueble. Finalmente se muestra que el retorno de la inversión se encuentra dentro del 2 % que se considera como favorable en las inversiones inmobiliarias.

Palabras clave: ecotecnias, estrategias bioclimáticas, valuación inmobiliaria

Abstract

In Mexico, the real estate market for bioclimatism is increasing, because climate change raises the need to build buildings with characteristics adapted to the environment of the lot. Consequently, mechanisms to value these buildings have become necessary. The objective of the research was to show a methodology that includes the main variables of bioclimatic and ecotechnical strategies, where 30 variables were analyzed, 13 as passive and 17 as active. A descriptive, non-experimental and transversal methodology was used, after bioclimatic diagnosis where the simple ordination method was adapted, subsequently an analysis of the benefit provided by each of the identified variables was carried out through the Hierarchical Analysis Process Analysis AHP. Return on Investment Analysis was also included to show a broad overview of investment in bioclimatic properties. The results of the study indicate that the value of the building increases according to the variables applied, with the energy efficiency certification being the most beneficial. Likewise, the Bioclimatism factor is added to the appraisal format in the approval section, with which it is adjusted. In a better way the value of the property. Finally, it is shown that the return on investment is within the 20% that is considered favorable in real estate investments.

Keywords: ecotechniques, bioclimatic strategies, real estate valuation.

Factor de ajuste de valor de inmueble en base a obsolescencia estructural (edificio en condominios vertical en la Ciudad de México)

Ignacio Carlos Soto Gordoa Huerta

Resumen

La presente investigación se desarrolla en el capitulado indicado en el índice, abordando el marco teórico y legal de la valuación en México, sus antecedentes históricos, las diversas teorías de valor como son la de Keynes, Daniel Ricardo, Carlos Marx y Federico Engels, entre otros. Se indicaron los tres métodos normalmente utilizados por el gremio valuatorio como son el método físico o directo, el de capitalización de rentas y el comparativo o de mercado. En esta investigación se expone una breve semblanza de la historia del arte existente en la actualidad respecto al tema fundamental de la investigación, y la memoria descriptiva del inmueble sujeto como modelo de estudio.

Posteriormente se vio la normatividad existente a nivel mundial y nacional. Como el presente trabajo está relacionado con la actividad sísmica, se presentan las zonificaciones respectivas tanto nacional como local en la Ciudad de México y se vuelve a plantear la hipótesis que se mencionó en la introducción, delimitando la variable independiente y las dependientes. Por último, se presenta el modelo práctico de estudio (edificio en la colonia Portales, CDMX) en donde se verán diferentes formas de lograr que un edificio cumpla con la normatividad sísmica actual y sus estudios financieros para determinar factores de ajuste en base a diferentes propuestas de reforzamiento o restructuración, proporcionando conclusiones, ideas para investigación futura, bibliografía, glosario de términos y anexos.

Palabras clave: valuación, métodos, factores, estructura

Abstract

This research is developed in the chapter indicated in the index, addressing the theoretical and legal framework of valuation in Mexico, its historical background, the various value theories of Keynes, Daniel Ricardo, Karl Marx and Federico Engels, among others. The three methods normally used by the appraisal guild will be indicated, such as the physical or direct method, the capitalization of rents and the comparative or market method. A brief semblance of the history of art existing today regarding the fundamental theme of the investigation, and the descriptive memory of the subject property as a case study.

Subsequently, the existing regulations at the global and national level will be seen. As the present work is related to seismic activity, the respective national and local zoning in Mexico City are presented, the hypothesis mentioned in the introduction is raised again, and delimiting which is the independent variable and which are the dependent ones. Finally, the practical case study is presented where different ways will be seen to ensure that a building complies with current seismic regulations and its financial studies in order to determine adjustment factors based on different proposals for reinforcement or restructuring, providing conclusions, proposal for future research, bibliography, glossary of terms and annexes.

Keywords: valuation, methods, factors, structure

Efecto de la ubicación en el valor inmobiliario de un predio urbano de uso habitacional en Comitán de Domínguez, Chiapas

José Alberto Gómez Conde

Resumen

El ejercicio profesional de la valuación en la actualidad no incluye dentro de su desarrollo un aspecto tan importante como lo es el estudio de la ubicación individualizada de inmuebles dentro del ámbito urbano habitacional. La presente investigación se realiza con la finalidad de contar con una propuesta metodológica basada en la ubicación y que en el proceso se analice y fije de manera directa o indirecta el valor final de un inmueble basado en su ubicación.

El procedimiento analítico es desglosado a manera de ocho variables, a las cuales se les asignan un valor de calificación de acuerdo con la información que el investigador maneja de un predio o predios en específico, el apoyo de tablas auxiliares, que se da para una mejor descripción de ciertas variables en particular. Finalmente, el producto de los valores de las variables asignadas nos otorga un factor de ubicación, que es el punto focal y de conclusión de la investigación.

Es importante saber que la metodología aportada tiene utilidad independientemente del caso de estudio que se use para calificar los valores unitarios en función de la ubicación. El beneficio del Método de Valuación a partir de la ubicación es de provecho para cualquier persona enfocada en el estudio y aplicación de metodología valuatoria, pues muestra una relación de la ubicación y el valor final de un inmueble y aporta una teoría de la ubicación y la relación de las variables que inciden en ella.

Palabras clave: método, ubicación, valor

Abstract

At present the professional exercise of Appraising does not include in its development the important aspect of studying the individual location of the real state within the urban area. This research is being carried out with the objective of having a methodological proposal based of location and suggest that in direct or indirect manner the final value of the real state be analyzed and assigned based on its location. The analytical procedure is broken down in eight variables and a rating value is given to each based on the information the researcher has regarding a specific piece of property or properties; auxiliary tables are provided to offer a better description of certain variables in particular. Finally, the product of the values of the assigned variables gives us a location factor which is the focal point and conclusion of this research. It is important to realize that the methodology presented is useful independently of the case under study, as it can be used to classify the unit values based on location. The benefit of the Appraisal Method based on location is useful anyone focused on the study and application of appraisal methodology. It demonstrates a relationship between the location and final value of the real state, and it also provides a location theory and the relationship of variables that form part of this theory.

Keywords: method, location, value

Factor de proyecto arquitectónico para valuar viviendas en la Ciudad de México

Pablo Israel Escalona Almeraya

Resumen

El presente trabajo de investigación pretende dar un valor a un concepto intangible, el Proyecto Arquitectónico para valuar vivienda en la Ciudad de México, a partir de la investigación científica llevando a cabo un proceso sistemático y ordenado, aplicando el método de investigación cuantitativo y una metodología experimental.

Se realizó una amplia investigación de la normativa nacional e internacional en materia de valuación para determinar cómo se da valor a las construcciones; de igual forma se investigó la normatividad local en materia de construcción para determinar parámetros mínimos de habitabilidad y confort de diseño de inmuebles habitacionales. Una vez concluida la investigación, se propone un Factor de Proyecto Arquitectónico que premia y demerita el diseño de un inmueble habitacional de acuerdo a una matriz que da valor a este concepto intangible.

Se seleccionó un inmueble habitacional objeto de estudio y se obtuvo su valor con los siguientes métodos de valuación: Enfoque de Mercado o Método Comparativo, Enfoque de Costos o Método Físico, Enfoque de Costos o Método

Físico y Método Residual; de igual forma los métodos matemáticos de Regresión lineal múltiple y Normalización y cálculo de ratios fueron utilizados. Una vez obtenido su valor, se comparó con el inmueble objeto de estudio y se aplicó el Factor de Proyecto Arquitectónico, determinando así el valor intangible del diseño del inmueble.

Abstract

The present research work intends to give a value to an intangible concept that is the Architectural intangible concept that is the Architectural Project to value housing in Mexico City, from the scientific research carrying out a systematic and orderly process, applying the quantitative research method and an experimental methodology.

An extensive research of the national and international regulations on valuation international valuation regulations in order to determine how the value of the constructions is given; likewise, the local construction regulations were investigated to determine the minimum parameters of habitability and comfort of the buildings. Minimum habitability and comfort parameters for the design of residential properties. Once the research was completed, an Architectural The Architectural Project Factor is proposed to reward and demerit the demerits the design of a residential building according to a matrix that gives value to this intangible concept. A residential building was selected as the object of study and its value was obtained with the following.

The value was obtained using the following valuation methods: Market Approach or Comparative Method, Cost

Approach or Physical Method, Cost Approach or Physical Method and Residual Method; likewise the mathematical methods of Multiple Linear Regression and Normalization and calculation of ratios. Once the value was obtained, it was compared with the property under study and the Architectural Project Factor was applied, thus determining the intangible value of the property's design.

La percepción social del riesgo y sus efectos ante las inundaciones en Culiacán, Sinaloa, México

Aurelio Roy Navarrete Cuevas

Resumen

La percepción social del riesgo está compuesta por diversos elementos, entre ellos los conocimientos, juicios, actitudes, creencias, sentimientos y valores de las personas y comunidades hacia un objeto o tema determinado, en este caso es ante las inundaciones, en particular las sufridas por la depresión tropical 19-E en el año 2018, en Culiacán, Sinaloa. La investigación es un estudio de caso que se analiza desde un enfoque cuantitativo de tipo correlacional, con un diseño no experimental, debido a la manera de la recolección de la información, a través de un cuestionario y una encuesta, es transeccional, con una muestra de 240 casas en la zona.

Se exploran las teorías del riesgo, la gestión social del riesgo, las inundaciones y la resiliencia. Después del trabajo de campo y el análisis los resultados obtenidos, se llega a la conclusión de que, a partir de la evidencia, la percepción de la vulnerabilidad es alta; sienten que su casa y sus bienes pueden ser afectados en un porcentaje muy elevado, así como sus actividades diarias, incluyendo su trabajo, llegando en muchos de los casos a tener la sensación de que sus vidas y las de sus familias están el peligro, que las inundaciones pluviales y fluviales tienen una relación significativa con la percepción del riesgo en la zona de estudio.

Palabras clave: riesgo, gestión social del riesgo, inundaciones y resiliencia

Abstract

The social perception of risk is composed of various elements including knowledge, judgments, attitudes, beliefs, feelings and values of people and communities towards a particular object or topic, in this case it is before the floods, particularly those suffered by tropical depression 19-E in 2018, in Culiacan, Sinaloa, the research is a case study that is analyzed from a quantitative approach, correlational type with a non-experimental design, due to the way of collecting information through a questionnaire and a survey is transectional, with a sample of 240 houses in the area.

The theories of risk, social management of risk, floods and resilience are explored, after the field work and analyzing the results obtained it is concluded that from the evidence that the perception of vulnerability is high, they feel that their house and their goods can be affected in a very high percentage, as well as their daily activities including their work, reaching in many of the cases to have the feeling that their lives and those of their families are the danger that pluvial and fluvial floods have a significant relationship with the perception of risk in the study area.

Keywords: risk, social risk management, floods and resilience

Análisis de vulnerabilidad a incendios forestales en el Bosque Protector La Prosperina, Guayaquil – Ecuador

David Francisco Sánchez Aguas

Resumen

Los incendios forestales han cobrado relevancia durante los últimos años debido a su recurrencia en los diferentes continentes, esto ha incrementado el interés en su estudio con el fin de analizar medidas de prevención y mitigación. Puntualmente en el Bosque Protector La Prosperina, en el Ecuador, los incendios forestales son muy comunes, de tal manera que las estadísticas demuestran que anualmente se suscitan alrededor de 80 incendios forestales, ocasionando graves daños en el ecosistema, flora y fauna.

El siguiente trabajo tiene como principal propósito, analizar el riesgo de vulnerabilidad a incendios forestales específicamente del Bosque Protector La Prosperina, ya que este Bosque además de ser un área protegida con aproximadamente 636 hectáreas, cumple una función vital como reserva biológica para la ciudad de Guayaquil. Los datos obtenidos frutos de este trabajo serán socializados y difundidos con el fin de fortalecer las capacidades de los distintos organismos, tanto administrativos, de control y de respuesta.

Palabras clave: Bosque Protector 1, incendios forestales 2, vulnerabilidad 3

Abstract

Forest fires have gained relevance in recent years due to their recurrence on different continents; this has increased interest in their study to analyze prevention and mitigation measures. Specifically, in the La Prosperina protected forest, forest fires are very common, in such a way that statistics show that around 80 forest fires occur annually, causing serious dam-age to the ecosystem, flora and fauna. The main purpose of the following work is to analyze the risk of vulnerability to forest fires specifically of the La Prosperina protected forest, since this forest, in addition to being a protected area with 636 hectares, fulfills a vital function as a biological reserve for Guayaquil city. The data obtained from this work, will be socialized, and disseminated in order to strengthen the capacities of the different agencies, both administrative, control and response.

Riesgos y percepción social en la Escuela Superior de Ingeniería y Arquitectura, unidad Tecamachalco, del Instituto Politécnico Nacional.

Roberto Téllez Robledo

Resumen

El Instituto Politécnico Nacional tiene una matrícula reportada al 2020 de 180 mil 801 alumnos. La Escuela Superior de Ingeniería y Arquitectura, con sede en Tecamachalco, Estado de México, en la zona conurbada, presenta una población estudiantil de 5,173 alumnos. En una plática sostenida con Tinoco M. (2020) se señala que este universo corresponde al 2.86 % de la población estudiantil total. El personal docente se conforma por 425 académicos y el personal administrativo y de servicios generales se integra por 297 personas.

La población total de la Escuela Superior de Ingeniería y Arquitectura (ESIA), se encuentra expuesta a distintas situaciones de riesgo, considerando que la zona es altamente vulnerable. Por ejemplo, en septiembre del año 2017, el evento de tipo sísmico tuvo lugar con epicentro a un kilómetro de San Felipe Ayutla, en Puebla, con una escala de magnitud 7.1 en escala de Richter, afectando lamentablemente vidas humanas y cuantiosos daños materiales en edificios, casas e incluso escuelas en distintas partes de la Ciudad de México y zonas conurbadas.

El impacto de este evento sísmico fue tal que ha marcado la vida de millones de ciudadanos y los daños ocurridos fueron significativos. Actualmente, la Escuela Superior de Ingeniería y Arquitectura del Instituto Politécnico Nacional no cuenta con estudios de riesgo y vulnerabilidad y, considerando que se ubica en una zona de alta vulnerabilidad, fue imprescindible evaluar los distintos tipos de riesgos y la percepción del riesgo en la población estudiantil, académica y administrativa.

La escuela cuenta con ocho edificios, de los cuales dos cuentan con más de dos pisos cada uno. Los edificios se encuentran desplantados en una superficie aproximada de terreno de 35,770.00 m y una construcción de 16,491.97 m2.

Para evaluar los riesgos, se utiliza el método Mosler, que tiene por objeto la identificación, análisis y evaluación de los factores que pueden influir en la manifestación de un riesgo. Este método se aplicó al 50% de los edificios de la ESIA, de los que el 25 % fueron edificios administrativos y los demás de docencia e investigación. Con la información obtenida se identifica y se clasifican los factores que potencialmente generan una situación de emergencia y con base en dicha información se calcula la clase de riesgo. El método es de tipo secuencial y cada fase del mismo se apoya en los datos obtenidos en las fases que le preceden. Para conocer la percepción del riesgo, se utiliza un instrumento que consiste en una encuesta aplicada a una muestra calculada, aplicando la fórmula de máxima varianza de Cochran, que consiste en 208 alumnos, 52 docentes y 51 administrativos.

Los resultados muestran que los riesgos internos determinado por el método Mosler de tipo geológico es alto, mientas que los hidrometeorológicos son medianos, así como los riesgos antropogénicos, con excepción del riesgo de acoso sexual que es alto, al igual que el riesgo sanitario-ecológico causado por el COVID-19. Los riesgos externos encontrados en un perímetro de 500 metros son de tipo geológico, de tipo hidrometeorológico, debido a que hay dos espectaculares situados; de tipo físico-químicos por estar instalados 19 trasformadores eléctricos y gasolineras, entre otros. También se detectan riesgos de tipo sanitario por venta de comida en la calle, además de riesgos de socio organizativo. Se determinaron los recursos existentes que ante una emergencia puede contribuir a la normalidad y estabilidad social.

Sobre la percepción de seguridad, el 23 % de mujeres, el 56 % de docentes, el 57 % de administrativos y el 33 % de alumnos no sienten seguridad en la institución. Por otra parte, el 45 % de las mujeres han sido acosadas y el 18 % de los alumnos percibe que sus profesores no apoyarían ante una emergencia.

Palabras clave: Mosler, impacto, vulnerabilidad, peligro y desastre

Abstract

The National Polytechnic Institute has a student population of 180 thousand 801 students, by the 2020. The Engineering and Architecture School (EAS). At Tecamachalco, State of Mexico, in Mexico, located in the metropolitan area, has 5,173 students. In a conversation with Tinoco M. (2020) it is pointed out that this universe corresponds to 2.86% of the total student population. The faculty members are 425, while the administrative and general services staff are 297 people. All of them are exposed to different risk situations, because the area has been highly vulnerable. For example, in September 2017, an earthquake of magnitude 7.1 according to Richter scale occurred; the epicenter was located about one kilometer from San Felipe Ayutla, in Puebla. In such event, damages on human lives as well as in buildings, houses and even schools, in different locations of Mexico City and the suburbs were reported.

Such earthquake has become an important event on millions of human beings, besides a significant damage. So far, the EAS, none risk and vulnerability study has been conducted, even when the facilities of that public school are settled in a high vulnerability area. Therefore, the risks and the perception of risk was needed. The facilities of the EAS, occupy an area of land of 35,770.00 m and a construction of 16,491.97 m°, and is composed of eight buildings; two of those has two levels. In order to evaluate the risks, the Mosler method was used.

This method aims to identify, analyze and evaluate factors associated to the risk expression. It was applied to 50 % of the EAS buildings, of which 25% were administrative buildings and the other part, teaching and research buildings. Based on the information obtained, factors that may generate an emergency, were identified and classified, and the risk type was assessed. The method is sequential, since based on the data obtained in the preceding phases, allow to advance to the next one. Regarding, the perception of risk study, a survey was applied, calculating the sample size previously.

Based on the Cochran's procedure, the sample was 208 students, 52 faculty members and 51 administrative staff. Results shown that the inner geological, anthropogenic and hydro meteorological risks, were determined as medium, but the sexual harassment and the sanitary- ecological, due to coronavirus are high. In the other hand, the outer risk, evaluated around 500 meters from the facilities, included those geological, and hydro meteorological, such as big advertisements, 19 power transformers, and a gas stations, among others.

Risk associated to health included a food sale point, right at the main entrance of the EAS. Existing resources were determined, which in an emergency can contribute to normality and social stability. Results of the perception study revealed that 23 % of women, 56 % of teachers, 57 % of administrators and 33 % of students do not feel security at the facilities. On the other hand, 45 % of women have been harassed and 18% of students perceive that their teachers would not support in an emergency.

Keywords: Mosler, impact, vulnerability, Danger and disaster

Análisis de la susceptibilidad por peligro de inundaciones y remoción en masa en la Nueva Tuxtla

Elvia Elizabeth Hernández Borges

Resumen

En Tuxtla Gutiérrez, Chiapas, la temporada de lluvias y ciclones tropicales incrementa el agua, que escurre, desbordan arroyos y ríos, y provoca encharcamientos e inundaciones; las calles se convierten en raudales intensos, los enormes volúmenes arrastran vehículos y en ocasiones se pierden vidas humanas.

Si observamos detenidamente el acelerado crecimiento poblacional en Tuxtla Gutiérrez, encontramos un crecimiento urbano desordenado y exponencial en toda el área de la subcuenca del río Sabinal, que los suelos y cauces de los afluentes han sido invadidos, y algunos desaparecido bajo la urbe que crece para satisfacer las necesidades fundamentales de vivienda, drenaje, suministro de agua y vías de comunicación.

Las autoridades han propuesto el crecimiento de la zona urbana en lo que se ha denominado la Nueva Tuxtla, pero el Programa de Desarrollo Urbano para el Centro de Población de Tuxtla Gutiérrez, Chiapas, aprobado en 2015, carece de una propuesta real y de una normativa para el uso del suelo que respete los cauces naturales y las normas deconstrucción en la zona de expansión. El Programa se limitó a localizar las reservas naturales y a establecer las etapas de crecimiento por temporalidad, lo cual es un error técnico porque no incluyó el estudio previo de inestabilidad de laderas, de las condiciones naturales del terreno, de la hidrografía ni de las zonas de amortiguamiento de los cauces naturales.

Por otro lado, el Programa dejó a la deriva e interpretación de los ejidatarios el uso de suelo y no analizó condiciones naturales ni comportamiento de los suelos ante amenazas. Los ejidatarios, sin control, planeación o supervisión, ya lotificaron y vendieron parte de sus terrenos agrícolas para que sean urbanizados; establecieron lotes y la geometría de sus calles empíricamente; e invadieron y transformaron los cauces de los arroyos.

Esta investigación documenta estas malas prácticas. También presenta los análisis de las condiciones naturales de los suelos y cauces de arroyos y ríos, y de los fenómenos de inundación y remoción en masa presentes en la zona de lo que será la Nueva Tuxtla, definida en el PDU (2015) como el crecimiento futuro. Por último, se presenta la cartografía detallada que hace asequible a funcionarios y especialistas el análisis y evidencia las amenazas. Esta investigación define y caracteriza cómo la incipiente urbanización de esta zona y los cambios en el uso del suelo están construyendo socialmente el riesgo a futuro, que será muy alto si el crecimiento sigue como hasta ahora. Las condiciones naturales de algunos cauces están afectadas y otros ya desaparecieron; las construcciones han alterado la estabilidad de laderas y generados taludes inestables que originan amenazas por fenómenos de remoción en masas.

Los resultados se presentan en mapas con escala local, útiles como base para reconsiderar el sistema y la normativa de los cambios de uso del suelo, para crear un procedimiento que respete los cauces naturales y normas de construcción y para definir las políticas públicas que mejoren el Programa de Desarrollo Urbano 2020-2040 que disminuyan la construcción social del riesgo y fomenten un desarrollo sustentable y sostenible.

Palabras clave: susceptibilidad, inundaciones, remoción en masa

Abstract

In Tuxtla Gutiérrez, Chiapas, the rainy season and tropical cyclones increase the water that runs off, and overflows streams and rivers and causes puddles and floods; the streets are turn intense streams, the enormous volumes drag vehicles and sometimes human lives are lost.

If we carefully observe the accelerated population growth in Tuxtla Gutiérrez, we find a disorderly and exponential urban growth in the entire area of the Rio Sabinal sub-basin, that the soils and channels of the tributaries have been invaded, and some have disappeared under the city that grows to meet the fundamental needs of housing, drainage, water supply and communication routes.

The authorities have proposed the urban area growth in the has been called Nueva Tuxtla. But the Tuxtla Gutiérrez Urban Development Program for, approved in 2015, lacks a real proposal and regulation for land us that respects natural channels and construction standards in the expansion zone. The program is limited to locating the natural reserves and establishing the growth temporality stages, which is a technical error because it did not include previous study of slope instability, natural conditions of the terrain, hydrography and the buffer areas of natural channels.

On the other hand, the program left the land use to drift and interpretation of the *ejidatarios*; It did not analyze natural conditions or soil behavior in the face of threats. The *ejidatarios*, without control, planning or supervision, have already subdivided and sold part of their agricultural lands to be urbanized; they established empirically the lots and the geometry of their streets, invaded and transformed the natural channels of the streams.

This research documents these bad practices. It also presents the analysis of the natural conditions of the soils, stream channels, and rivers, the flooding and mass removal phenomena present in the Nueva Tuxtla, defined in the PDU (2015) as future urban growth.

Finally, the detailed cartography presented that makes the analysis and evidence of threats available to officials and specialists. This research defines and characterizes how the incipient urbanization of this area and the changes in land use are socially constructing a risk in the future, which will be very high if growth continues as before.

The natural conditions of some streams are affected and others have already disappeared; construction has altered the stability of slopes and generated unstable ones, which create threats due to mass removal phenomena.

The results are presented in maps with local scale, useful as a basis to reconsider the system and the regulations of land use changes, to create a procedure that respects natural channels and construction standards and to define public policies that improve the Urban development program (2020- 2040) that decrease the social construction of risk and foster sustainable and sustainable development.

Keywords: susceptibility, floods, mass removal

Gobernanza en la Gestión del Riesgo de Desastre y su impacto en la Seguridad Nacional en México

César Orlando Flores Sánchez

Resumen

La Gobernanza es una forma de gobierno que involucra a todos los sectores de la sociedad, incluido el gobierno, de una manera equilibrada, para lograr un desarrollo económico, social e institucional sostenible. Su ausencia, en cuanto a la Gestión del Riesgo de Desastre, provoca que no existan acciones adecuadas para la comprensión del riesgo y, consecuentemente, para la preparación, mitigación, rehabilitación, en su caso reconstrucción, y la continuidad de gobierno y desarrollo, al presentarse un evento destructivo.

Al impactar un fenómeno perturbador en zonas con alto índice de vulnerabilidad, repercute directamente en la economía, en temas de infraestructura y comunicaciones, y en el aspecto social, y consecuentemente en la Seguridad Nacional, puesto que esta está enfocada a la consecución de los Objetivo Nacionales.

El propósito de este estudio es analizar las causas que inhiben una buena Gobernanza para la Gestión del Riesgo, mediante un análisis que incluye el estudio de caso de un Sistema Estatal de Protección Civil, para ver su relación con la federación y los gobiernos locales, así como un análisis comparativo entre 6 países latinoamericanos con experiencias exitosas.

Para el INFORM-LAC, México tiene una calificación de 6.2 en su nivel de riesgo (Alto). Por lo anterior, se considera necesario replantear la organización de su Sistema Nacional de Protección Civil, así como reorientar el Servicio Militar hacia uno Cívico que incluya temas de prevención y respuesta a desastres; también crear un instrumento financiero para fortalecer a los gobiernos locales en temas de Gestión del Riesgo de Desastre.

Palabras clave: Gobernanza, Gestión del Riesgo de Desastre, reducción del riesgo de desastre, Seguridad Nacional, desarrollo, protección civil.

Abstract

Governance is a form of government that involves all sectors of society, including authority, in a balanced way, to achieve sustainable economic, social and institutional development. Its absence, in terms of Disaster Risk Management, causes that there are no adequate actions to understand the risk and, consequently, for the preparation, mitigation, rehabilitation, reconstruction, where appropriate, and the continuity of government and development, by a destructive event occurs.

By impacting a disturbing phenomenon in areas with a high vulnerability index, it has a direct impact on the economy, on infrastructure and communications issues, and on the social aspect, and consequently on National Security, since it is focused on achieving the National goals.

The purpose of this study is to analyze the causes that inhibit good governance for risk Management, through an analysis that includes the case study of a State Civil Protection System, to see its relationship with the federation and local governments, as well as a comparative analysis between 6 Latin American countries with successful experiences.

For the LAC-INFORM, Mexico has a rating of 6.2 in its risk level (High). Therefore, it is considered necessary to rethink the organization of its National Civil Protection System, as well as to reorient the Military Service towards a Civic one that includes issues of prevention and response to disasters; also create a financial instrument to strengthen local governments in Disaster Risk Management issues.

Keywords: governance, Disaster Risk Management, disaster risk reduction, National Security, development, civil protection

Modelo para la gestión de riesgo en desastres meteorológicos (el caso de la carretera costera México 200, tramo Arriaga-Tapachula), análisis y gestión de sus efectos

José Antonio De Jesús Torriello Elorza

Resumen

En las carreteras de Chiapas, específicamente la carretera costera Mex200 —Tramo Arriaga-Tapachula—, no se realiza una gestión de riesgos correcta y adecuada. Por tal motivo, se tienen tramos con daños por la falta de un buen diseño, supervisión y control de la ejecución de los trabajos de mantenimiento, conservación y ampliación de esta importante vía de comunicación; así como desastres cuando se presentan fenómenos meteorológicos como los sufridos en 1998 y 2005, que incurren en impactos socioeconómicos severos en sus usuarios y habitantes de la región.

Esta investigación presenta un modelo para la gestión de riesgos que se identifican durante el uso cotidiano de la carretera costera, así como cuando se presentan desastres meteorológicos. Para que de esta manera se pueda realizar una adecuada planificación y respuesta de control de los riesgos. En consecuencia, se aumentará la probabilidad e impacto de eventos positivos, y reduciremos la probabilidad y el impacto de los eventos negativos en la carretera en el futuro. Este trabajo se realizó tomando como apoyo principal la experiencia de lo sucedido en la tormenta Javier en 1998 y el huracán Stan en 2005, así como con las experiencias de expertos y usuarios, definiendo la estrategia a seguir para el plan de respuestas de riesgos.

Palabras clave: gestión de riesgos, desastres meteorológicos, mantenimiento, conservación, impacto socioeconómico.

Abstract

On the highways of Chiapas, specifically the Mex200 coastal highway - Arriaga -Tapachula section-, proper and serious risk management is not carried out. For this reason, there are sections with damage due to the lack of a good design, supervision, and control of the execution of the maintenance, conservation and expansion works of this important communication route; as well as disasters when meteorological phenomena occur, such as those suffered in 1998 and 2005, which incur severe socioeconomic impacts on its users and inhabitants of the region.

This research presents a model for risk management, which are identified during the daily use of the coastal highway, as well as when meteorological disasters occur. So that in this way to be able to carry out an adequate planning and response to control the risks. Consequently, the probability and impact of positive events will be increased, and we will reduce the probability and impact of negative events on the road in the future. This work was carried out taking as main support the experience of what happened in storm Javier in 1998 and hurricane Stan in 2005, as well as with the experiences of experts and users, defining the strategy to follow for the risk response plan.

Keywords: risk management, meteorological disasters, maintenance, conservation, socioeconomic impact

La construcción social del riesgo en las escuelas públicas de educación básica, en el municipio de Tlajomulco de Zúñiga, Jalisco, 2019-2020

Jorge Manuel Cab

Resumen

Jalisco es un estado que tiene 125 municipios, cuenta con una población de 8,348,151 habitantes, según el último censo realizado por el INEGI en 2020. En el Sexto Informe de Gobierno de Jalisco del 2018, en Jalisco existen 15,216 escuelas. En el municipio de Tlajomulco de Zúñiga existen 429 escuelas, entre las cuales se imparten los niveles preescolar, primario y secundario.

Existen factores de riesgos que aumentan la vulnerabilidad en las 429 escuelas públicas de educación básica, existentes en el Municipio de Tlajomulco de Zúñiga, Jalisco. Dentro de los factores de riesgos se pueden mencionar a las inundaciones, granizadas, sequías, sismos, grietas, deslaves de laderas, subsidencia, incendios, explosiones, derrames de materiales peligrosos, plagas, epidemias y sabotaje. Adicionalmente, la falta de medidas de seguridad y protocolos para saber actuar durante una emergencia, podría potenciar el impacto de los factores de riesgo.

El estudio de la construcción social del riesgo correlacionado a los inmuebles escolares por peligros de origen natural o antropogénicos podrían aumentar la vulnerabilidad del sistema escolar por carecer de medidas de seguridad y protocolos que deben implementarse de acuerdo a la Ley General de Protección Civil. Los objetivos de la presente investigación son identificar los factores de riesgo asociados a la vulnerabilidad de las escuelas, con la finalidad de hacer un mapa que muestre los riesgos existentes en las escuelas públicas.

El trabajo se realizó mediante una evaluación de los riesgos y vulnerabilidades de cada inmueble escolar. Los resultados de este estudio muestran que los factores de riesgo más frecuentes son inundaciones, sismos, grietas subsidencias, incendios. Las vulnerabilidades encontradas fueron inmuebles con falta de mantenimiento, botín de primeros auxilios, extintores y no cumplen con las medidas de seguridad de Protección Civil. Finalmente se elaboró el Mapa Municipal de Escuelas de Tlajomulco. Los datos revelaron que el 85% de las escuelas no tienen sus programas internos de protección civil, lo cual potencia significativamente el riesgo a las personas que utilizan esas escuelas. Catorce escuelas están expuestas a gasoductos, cincuenta y siete inmuebles están cerca de líneas eléctricas de alta tensión.

Mientras realizábamos esta investigación, se presentó el COVID 19, se suspendieron las clases presenciales durante marzo del 2020 a agosto del 2021, durante este periodo aproximadamente 75 % de las escuelas públicas sufrieron robo e incendios.

Palabras clave: vulnerabilidad, escuela, construcción social del riesgo

Abstract

Jalisco is a state that has 125 municipalities, has a population of 8,348 151 inhabitants, according to the last census conducted by INEGI in 2020. In Jalisco's Sixth Government Report of 2018, there are 15,216 schools in Jalisco. In the municipality of Tlajomulco de Zúñiga there are 429 schools, among which it teaches preschool, elementary and high school level.

There are risk factors that increase vulnerability in the 429 public elementary schools in the municipality of Tlajomulco de Zúñiga, Jalisco. Risk factors include floods, hailstorms, droughts, earthquakes, cracks, landslides, subsidence, fires, explosions, hazardous material spills, plagues, epidemics and sabotage. In addition, the lack of safety measures and protocols to know how to act during an emergency could increase the impact of risk factors. The study of the social construction of risk correlated to school buildings due to natural or anthropogenic hazards could increase the vulnerability of the school system due to the lack of safety measures and protocols that should be implemented according to the General Law of Civil Protection. The objectives of this research were to identify the risk factors associated with the vulnerability of schools, with the purpose of making a map showing the existing risks in public schools.

The work was carried out through an evaluation of the risks and vulnerabilities of each school building. The results of this study show that the most frequent risk factors are floods, earthquakes, cracks, subsidence and fires. The vulnerabilities found were: buildings with lack of maintenance, lack of first aid kits, fire extinguishers and lack of compliance with Civil Protection safety measures. Finally, the Municipal Map of Tlajomulco Schools was elaborated. The data revealed that 85% of the schools do not have their internal civil protection programs, which significantly increases the risk to the people who use those schools. Fourteen schools are exposed to gas pipelines, fifty-seven buildings are near high voltage power lines. While we were conducting this research COVID 19 was presented, classes were suspended during March 2020 to August 2021, during this period approximately 75 % of public schools suffered theft and fires.

Keywords: vulnerability; school; social construction of risk

Valoración de servicios ambientales del Parque Nacional Bahía de Loreto, Baja California

José Alfonso Ramos García

Resumen

Loreto B.C.S., pueblo pintoresco que se encuentra en la península de Baja California, colindando con el mar de Cortez, siendo un pueblo mágico en la República Mexicana, cuenta, desde el año 199,6 con la declaratoria que dio inicio al Parque Nacional Bahía de Loreto. Una de las aportaciones significativas que ha tenido el Parque Nacional Bahía de Loreto y se ha destacado desde su creación ha sido el compromiso con el turismo local, nacional e internacional por el cuidado su belleza, esencia natural y sus actividades dentro y fuera de sus áreas de influencia.

Como se pudo identificar, el uso directo refleja que la actividad económica, teniendo un margen pequeño entre este valor y el de legado de apenas un 3.66%, reafirma que están en pos de la conservación, asimismo con el disfrute actual de su belleza y actividades sin menos preciar la actividad económica del parque en el valor de uso, ya que muchas familias dependen del uso del Parque Nacional Bahía de Loreto, confirmando que desean que el parque perdure y que siga el uso controlado en el bajo mecanismo de conservación que involucre a la ciudadanía y los tres órdenes de gobierno. Todo en a favor del cuidado del medio ambiente y la conservación el ANP, con un goce y uso adecuado del Parque Nacional Bahía de Loreto, como lo manifiesta el presente estudio colaborativo con las diferentes áreas locales y expertos multidisciplinarios que dieron a bien aportar con sus conocimientos y experiencia al presente estudio.

De tal manera, el presente estudio arroga que el valor económico del parque en sus 5 valores se determina en $ 69,082´161,784.06. De la misma manera se vio reflejado el valor de la biodiversidad del parque en $ 7,495´590,313.21, concluyendo que el valor del parque puede ser mediante el método propuesto en esta tesis doctoral, identificando a través de los especialistas, ONG´s, usuarios locales y los diferentes grupos multidisciplinarios, que pudieron fácilmente identificar los ambientes ideales de conservación para el Parque Nacional Bahía de Loreto, información que nos ha permitido identificar las líneas de mejora continua con acciones que beneficien a corto, mediano y largo plazo las acciones a realizar para su conservación y adecuado uso de sus recursos, no solo para nuestra generación actual sino también a las generaciones futuras, las cuales tendrán que pasar por un proceso de adaptabilidad tecnológica, cambio de gobernanza con madures social y de apreciación cibernética, pero siempre con la influencia de los beneficios ambientales que el ambiente nos regala desde el entorno mágico del mar de Cortez y la belleza natural de esta zona rica y mágica en biodiversidad espacial.

La importancia de esta tesis radica principalmente en este punto específico. Podríamos estimar el costo ambiental siempre y cuando sea para un beneficio común, así como el uso de la información en la toma de decisiones futuras es fundamental para las autoridades locales. El presente trabajo sienta las bases informáticas para que se consideren entre otros factores que hoy permitirán que cumplan con los objetivos establecidos y las hipótesis planteadas con esquemas estadísticos claros y fáciles de interpretar.

Abstract

Loreto B.C.S. is a picturesque town located in the peninsula of Baja California bordering the Sea of Cortez, being a magical town in the Mexican Republic, has since 1996 with the declaration that started the Loreto Bay National Park. One of the significant contributions that Loreto Bay National Park has had and has stood out since its creation has been the commitment to local, national and international tourism for the care of its natural beauty and essence and its activities inside and outside its areas of influence.

The direct use reflects the economic activity, with a small margin between this value and the legacy value of only 3.66%, reaffirming that they are in pursuit of conservation, as well as the current enjoyment of its beauty and activities, without detriment to the economic activity of the park in the value of use, since many families depend on the use of Loreto Bay National Park, confirming that they want the park to last and to continue controlled use under conservation mechanisms that involve the citizens and the three levels of government.

All in favor of environmental care and conservation of the ANP, with an adequate enjoyment and use of Loreto Bay National Park.

The present collaborative study with the different local areas and multidisciplinary experts who contributed their knowledge and experience to this study showed that the park is in good condition for the proper use of Loreto Bay National Park.

This study determined that the park's economic value in its 5 values was $ 69,082'161,784.06, and the biodiversity value of the park was $ 7,495'590,313.21, concluding that the park's value can be determined by the method proposed in this study.

The method proposed in this doctoral thesis can be used to identify the ideal conservation environments for Loreto Bay National Park through specialists, NGOs, local users, and different multidisciplinary groups. This information has allowed us to identify lines of continuous improvement with actions that will benefit the short, medium, and long term actions to be taken for its conservation and adequate use of its resources, not only for our current generation but also for future generations, which will have to go through a process of technological adaptability, change of governance with social maturity and cybernetic appreciation, but always with the influence of the environmental benefits that the environment gives us from the magical environment of the Sea of Cortez and the natural beauty of this rich and magical area in spatial biodiversity.

The importance of this thesis lies mainly in this specific point, we could estimate the environmental cost as long as it is for a common benefit, as well as the use of information in future decision making is essential for local authorities, this work lays the foundation for computer science to be considered among other factors that today will allow them to meet the objectives and hypotheses set out with clear statistical schemes. And hypotheses with clear and easy-to-interpret statistical schemes.

La Gestión Integral del Riesgo en el manejo del aceite lubricante usado.

Alba Vázquez Espinosa

Resumen

El sector automotriz es una de las fuentes de contaminación al medio ambiente, por el uso y mantenimiento del vehículo, siendo los productos residuales los de mayor impacto, principalmente el aceite usado que cambian en los servicios mecánicos, residuo que es considerado tóxico al medio ambiente y a la salud pública.

Para esta investigación se aplicó un método estadístico para el muestreo llamado por estratificación para seleccionar los talleres automotrices que se visitaron y que se encuentran operando en la ciudad de Tuxtla Gutiérrez, Chiapas. El manejo, almacenamiento y disposición final de los residuos generados en los talleres es el eje principal del presente trabajo, así como la aplicación de las buenas prácticas, las normas mexicanas y regulaciones de las instancias ambientales y ecológicas federales, estatales y municipales. Se tomó en cuenta la capacitación y conocimientos de los operadores de los talleres y como se encuentran trabajando actualmente.

Abstract

The automotive sector is one of the sources of pollution to the environment, due to the use and maintenance of the vehicle; residual products being those with the greatest impact. Mainly the used oil that is changed in the mechanical services, this residue is considered toxic to the environment and public health.

For this research, stratification sampling was applied to select the automotive workshops that were visited and that are operating in the city of Tuxtla Gutiérrez, Chiapas. The management, storage and final disposal of the waste generated in the workshops is the main axis of this work, as well as the application of good practices, Mexican standards and regulations of federal, state and municipal environmental and ecological authorities. The training and knowledge of the workshop operators and how they are currently working were taken into account.

Keywords: hazardous waste, used oil, automotive workshops

Análisis post-pandemia Covid-19, afectación y modernización (caso de estudio: Bluefields Indian & Varibbean University, recinto Bluefields, Nicaragua, 2020-2021

Enoc Geremias Rivas Suazo

Resumen

El tema COVID-19 en la Bluefields Indian & Caribbean University recinto Bluefields no había sido abordado desde el paradigma de la Gestión Integral de Riesgos y Protección Civil; además, no se tenían planes de acción para enfrentar situaciones similares que pudieran surgir en el futuro. Por esta razón se examinan los impactos y la actualización después de la pandemia COVID-19, en los años 2020 y 2021 en la Universidad de Bluefields.

Analizando aspectos positivos, áreas de crecimientos y puntos débiles sobre la población afectada por COVID-19 e impactos en la operatividad de la universidad y modificaciones, se logra la actualización del campus universitario como medida de prevención, generando una estrategia para gestionar riesgos biológicos después de la pandemia, considerando su relevancia temporal. Para ello, se realizaron entrevistas y encuestas a través de Google Forms para comprender las repercusiones y modificaciones originadas por pandemia.

La propuesta de manejo de riesgos biológicos, seleccionada en orden de prioridad, tiene como base la matriz de Eisenhower. A pesar de la existencia de capital humano en salud y gestión de riesgos, la ausencia de un departamento de salud en la universidad plantea la oportunidad de su creación, junto con la necesidad de establecer una cuenta de emergencia debido a las amenazas de tormentas, huracanes e inundaciones que provocan la proliferación de organismos y representan riesgos biológicos para los miembros de la comunidad universitaria.

Palabras clave: gestión, riesgo biológico, desastre, acciones, pandemia

Abstract

The issue, COVID-19 at the Bluefields Indian & Caribbean University Bluefields campus, had not been addressed from the paradigm of Integrated Risk Management and Civil Protection, in addition, there were no action plans to deal with similar situations that could arise in the future, for this reason, the impacts and the update after the COVID-19 pandemic in the years 2020 and 2021 at the university of Bluefields were examined.

Analyzing positive aspects, areas of growth and weaknesses, on the population affected by COVID-19, impacts on the operability of the university and modifications, the updating of the university campus was achieved as a preventive measure, generating a strategy to manage biological risks after the pandemic, considering its temporal relevance. For this purpose, interviews and surveys were conducted through Google Forms to understand the repercussions and modifications originated by the pandemic.

The biological risk management proposal selected in order of priority was based on the Eisenhower matrix. Despite the existence of human capital in health and risk management, the absence of a health department at the university raises the opportunity for its creation, along with the need to establish an emergency account due to the threats of storms, hurricanes and floods that cause the proliferation of organisms and pose biohazards to members of the university community.

Keywords: management, biohazard, disaster, actions, pandemic

INVESTIGACIONES DE MAESTRÍA

Protección civil familiar en Villa Coapa después del sismo del 19 de septiembre del 2017: ¿qué podemos hacer mejor?

Linda Álvarez López

Resumen

Por la ubicación geográfica de nuestro país, y particularmente por las características del suelo de la Ciudad de México, se sabe que el territorio es vulnerable a los efectos destructivos de eventos sísmicos: se han registrado fenómenos de este tipo causando daños humanos y materiales que lamentar, lo cual ha dado como resultado la organización de las autoridades, en sus tres niveles de gobierno; sin duda, se ha avanzado en actividades inherentes a la protección civil.

Para los establecimientos de la Ciudad de México, las actividades de protección civil se encuentran normadas y su incumplimiento es causal de sanciones administrativas y económicas, mientras que para casas habitación de la misma entidad tenemos un panorama completamente distinto. Pareciera que, en éstas, el cumplimiento en materia de protección civil no es necesario, ¡qué gran error! La población debe asumir las actividades que implican la elaboración del Plan Familiar de Protección Civil (PFPC), sea sancionable o no; se debe reconocer la trascendencia de las labores de prevención y autoprotección al interior de los núcleos familiares.

En este orden de ideas, mencionaremos que el sismo del 19 de septiembre del 2017, con epicentro en el estado de Morelos, magnitud 7.1, trajo como consecuencia pérdidas humanas, algunas de ellas en casas habitación de la zona geográfica conocida como Villa Coapa, asentada en las alcaldías Tlalpan y Coyoacán de la Ciudad de México.

En el presente trabajo se investigó si las familias de Villa Coapa, en la Ciudad de México, conocían el documento Plan Familiar para la Prevención de Riesgos o Plan Familiar de Protección Civil (PFPC), difundido por la Secretaría de Gestión Integral de Riesgos y Protección Civil (SGIRPC) de dicha entidad. Nuestro interés radicó en conocer si las familias de esta zona geográfica contaban o no con dicho plan familiar; indagamos en las motivaciones que los interesaron a contar con él y, por otro lado, a los que no contaron con él, conocimos por qué no lo han realizado.

Como aportación de este trabajo de investigación resultaron dos propuestas: la primera de ellas, un documento que reúne una serie de características que deberá tener el PFPC así como los medios de comunicación que las familias encuestadas mencionaron serían adecuados para su difusión, ello con el propósito de que conozcan la trascendencia de las labores preventivas desde lo individual, invitándolos a que se sumen en la corresponsabilidad que implica la protección civil, desde el interior de la familia, vista esta como la célula básica y elemental de la sociedad.

En segundo lugar, propondremos una versión digital para que, a través de una aplicación, las familias que tengan un dispositivo electrónico realicen el PFPC, ello a través de una plataforma, sin costo, y cuyos datos permanecerán en poder de la familia, lo cual no implicará compartirlos ni transmitir información personal. La familia que descargue esta aplicación irá cumpliendo las actividades inherentes a la realización del Plan Familiar, conocerá el avance o logro alcanzado, así como las actividades pendientes de realizar.

Palabras clave: Plan Familiar de Protección Civil, auto-protección, corresponsabilidad, Gestión Integral de Riesgos

Abstract

Due to the geographical location of our country, and particularly due to the characteristics of the soil in Mexico City, it is known that the territory is vulnerable to the destructive effects of seismic events: phenomena of this type have been recorded causing human and material damage to be regretted, which has resulted in the organization of the authorities, in its three levels of government; Undoubtedly, progress has been made in activities related to civil protection.

For establishments in Mexico City, civil protection activities are regulated and noncompliance is grounds for administrative and economic sanctions; while for residential houses of the same entity we have a completely different panorama. It seems that in these, compliance with civil protection is not necessary: what a big mistake! the population must assume the activities that imply the elaboration of the Civil Protection Family Plan (PFPC), whether punishable or not; The importance of prevention and self-protection tasks within family nuclei must be recognized.

In this order of ideas, we will mention that the earthquake of September 19, 2017, with an epicenter in the state of Morelos, magnitude 7.1, resulted in human losses, some of them in houses in the geographical area known as Villa Coapa, settled in the Tlalpan and Coyoacán mayoralties of Mexico City.

In the present work, it was investigated whether the families of Villa Coapa, in Mexico City, were aware of the document Family Plan for Risk Prevention or Family Plan for Civil Protection (PFPC), disseminated by the Secretariat of Comprehensive Risk Management and Protection. Civil (SGIRPC) of said entity. Our interest was rooted in knowing if the families of this geographical area had or not such a family plan; we investigated the motivations that interested them in having it and, on the other hand, those who did not have it, we found out why they have not done it.

As a contribution of this research work, two proposals resulted: the first one, a document that brings together a series of characteristics that the PFPC should have, as well as the means of communication that the families surveyed mentioned would be suitable for its dissemination, with the so that they know the importance of preventive work from the individual, inviting them to join in the co-responsibility that civil protection implies, from within the family, seen as the basic and elemental cell of society.

Secondly, we will propose a digital version so that, through an application, families that have an electronic device can carry out the PFPC, through a platform, free of charge, and whose data will remain in the possession of the family, which will not involve sharing or transmitting personal information; The family that downloads this application will carry out the activities inherent to carrying out the Family Plan, will know the progress or achievement achieved, as well as the activities pending to be carried out.

Modelo de evaluación multicriterio gis para el trabajo de gabinete de selección de sitios de redes sísmicas (caso de estudio Chiapas, México)

Antonio Noé Pérez Aguilar

Resumen

México es un país con elevada actividad sísmica y volcánica debido a su particular encuadramiento geotectónico, dominado por la conjunción de cinco placas tectónicas, las cuales son Placa de Cocos, Placa del Pacífico, Placa Rivera, Placa Norteamericana y Placa del Caribe. La mayor parte del territorio nacional asienta en la Placa Norteamericana e interacciona con las placas de Cocos y Rivera, dando origen a una grande zona de subducción que es responsable por generar sismos de magnitud elevada (SSN, 2017)[7].

Durante el año de 2017 el Servicio Sismológico Nacional (SSN, 2018)[8], en su catálogo de sismos fuertes, registró un total de 26,413 sismos. Siendo la zona de subducción formada por la interacción de las placas Cocos, Rivera y Norte Americana responsables por la mayoría de los mismos.

Con una superficie que representa el 3.7 % del total nacional (72,527 km²), Chiapas se encuentra posicionado

---

[7] Servicio Sismológico Nacional (2017). sismos de magnitud elevada

[8] Servicio Sismológico Nacional (2018), Catálogos de sismos

en séptimo lugar en densidad poblacional (5'217,908 habitantes) (INEGI, 2017)[9]. La mayor parte de su superficie se encuentra en la Placa Norteamericana, en contacto con la Placa del Caribe, a lo largo de la falla Polochic-Motagua; esta interacción resulta en un elevado riesgo sísmico para el estado de Chiapas.

Chiapas, por su localización geográfica al sureste de la Ciudad de México, se ve severamente afectado por esta actividad sísmica. Como ejemplo, el pasado septiembre 7 de 2017 ocurrió un sismo destructivo de magnitud 8.2 con localización epicentral a 140 km al suroeste de la ciudad de Pijijiapan, causando la muerte a 16 personas, afectando 97 municipios (de 122) y 58, 365 viviendas tan solo en el estado de Chiapas (SEC, 2017)[10].

A pesar de su elevado nivel de riesgo sísmico poca instrumentación ha sido desplegada, derivando en una falta de información para la toma de decisiones en materia de Protección Civil.

Así siendo, impera la necesidad del diseño, la implementación y la operación de una red de vigilancia y monitoreo sísmico y volcánico con capacidades de alertamiento (EEWS) en el estado. Con el objetivo principal de solventar esta necesidad estatal, se propone, como trabajo de tesis, un estudio de gabinete para determinar sitios potencialmente adecuados para la instalación de instrumentos sísmicos. Para tal

---

[9] Instituto Nacional de Estadística y Geografía (INEGI. 2017). Censo Nacional de Gobiernos Municipales y Delegacionales.

[10] Secretaria de Educación del estado de Chiapas (2017)

efecto se procede con el análisis geoespacial del territorio estatal, sus ambientes tectónicos, geología, comunicaciones terrestres y otros parámetros asociados. Como resultado se obtuvieron un total de 42 sitios de elevado interés que cumplen los criterios antes mencionados.

En fases posteriores (trabajo de campo e implementación) se pretende la evaluación *in situ* de cada punto para su validación, efectuando, para tal, visitas de campo y ensayos de ruido sísmico y de radio telemetría. Una vez completados estos ensayos, se procederá al subimiento de un proyecto de investigación que permita la adquisición, instalación y mantenimiento de una red sísmica estatal de por lo menos 10 estaciones; así como la construcción de un edificio para albergar el Centro de Adquisición de Datos y equipas técnicas y científicas.

Abstract

Mexico is a country with high seismic and volcanic activity due to its particular geotectonic setting, dominated by the conjunction of five tectonic plates, the coconut plate, the Pacific plate, the Rivera Square, the North American Plate and the Caribbean Plate, the largest part of the national territory in the North American plate and interaction with the plates of Cocos and Rivera in a large subduction zone that is responsible for generating earthquakes of high magnitude (SSN, 2017).

During the year of 2017, the National Seismological Service (SSN, 2018), in its catalog of strong earthquakes, reported a total of 26,413 earthquakes. Being the subduction zone formed by the interaction of the Cocos, Rivera and North American plates responsible for most of them. With an area that represents 3.7% of the national total (72,527 km²), Chiapas is ranked seventh in population density (5'217,908 inhabitants) (INEGI, 2017). Most of its surface is found in the North American plate in contact with the Caribbean plate along the Polochic-Motagua fault; This is a seismic risk for the state of Chiapas.

Chiapas for its geographic location, southeast of Mexico City, has been severely affected by seismic activity, as an example, on September 7, 2017 a destructive of magnitude 8.2 with epicentral location at 140 km southwest of the city of Pijijiapan; Causing death to 16 people, affecting 97 municipalities (out of 122) and 58, 365 homes in the state of Chiapas alone (SEPC, 2017). Despite its level of seismic risk, little instrumentation has been deployed, resulting in a lack of information for making decisions on Civil Protection.

That's right, as a consequence of the need for the design, implementation and operation of a seismic and volcanic monitoring and monitoring network with alert capabilities (EEWS) in the state. With the main objective of solving this state need, it is proposed, as a thesis work, a cabinet study to determine the results of the installation of seismic instruments.

For this purpose, we proceeded with the spatial analysis of the state territory, its tectonic environments, geology, terrestrial communications and other associated parameters. As a result, a total of 42 high interest sites were obtained that meet the aforementioned criteria. In subsequent phases (fieldwork and implementation) the in situ evaluation of each point is intended for validation, making, for such, field visits and seismic noise and radio telemetry tests. Once these tests have been completed, a research project will be carried out to allow the acquisition, installation and maintenance of a state seismic network of at least 10 stations; as well as, the construction of a building to house the Data Acquisition Center and technical and scientific equipment.

La Gestión Integral de Riesgos, estrategia de seguridad en la Universidad Autónoma del Estado de Morelos

Ubaldo González Carretes

Resumen

El estudio del fenómeno de la inseguridad pública o inseguridad ciudadana indistintamente nos lleva a su origen multifactorial, al proceso social de su formación, al crecimiento y a sus lamentables consecuencias.

A título personal, mi interés en el fenómeno de la inseguridad deviene de 22 años de servicio en las filas de la policía preventiva, umbral de una genuina necesidad por conocer más sobre el origen y el proceso de construcción de la inseguridad. Una carrera técnica policial, una licenciatura en leyes en mis horas libres y decenas de cursos, talleres y diplomados, no satisfacían mi necesidad, así que empíricamente emprendí el camino hacia lo que entonces describía como el estudio de la calle y que hoy en día reconozco como factores de riesgo.

La profesionalización en el tema de la seguridad-inseguridad me ha llevado a ocupar distintos cargos dentro de las dependencias gubernamentales, desde policía de calle hasta la titularidad de distintas instituciones de seguridad pública. No obstante, mi crecimiento en lo profesional y en lo laboral, la necesidad de conocer más sobre el tema no cesaba, de esta forma a los 38 años de edad retomo mis estudios universitarios en la nueva licenciatura en seguridad ciudadana ofertada por la Facultad de Derecho y Ciencias Sociales de la Universidad Autónoma del Estado de Morelos.

El rompimiento de paradigmas no se haría esperar, el conocimiento de las nuevas teorías y de las diferentes acepciones de seguridad me conducían indistintamente al estudio del riesgo y sus elementos constitutivos, peligro, vulnerabilidad y exposición.

Al término de mis estudios de licenciatura, mi alma mater me tenía ya asignada mi próxima función al nombrarme coordinador de protección universitaria, encargo que sigo conservando después de cinco años. Al frente de esta área enfocada a la seguridad pública, se hace presente la necesidad de contar con procedimientos en materia de protección civil, situación que lamentablemente se atenúa con el sismo del 19 de septiembre del 2017, donde todas las vulnerabilidades institucionales, físicas y sociales se hacen presentes.

Los daños a nuestra máxima casa de estudios eran incuantificables, los 138 edificios dañados y la falta de respuesta por parte de las autoridades y de la propia comunidad universitaria ante una situación de emergencia sólo evidenciaban las inmensas vulnerabilidades institucionales, físicas y estructurales a las que estábamos expuestos 43.

Abstract

The study of the phenomenon of public insecurity or citizen insecurity, indistinctly takes us to its multifactorial origin, the social process of its formation, its growth and it's unfortunate consequences.

On a personal note, my interest in the phenomenon of insecurity comes from 22 years of service in the ranks of the preventive police, threshold of a genuine need to know more about the origin and construction process of insecurity.

A police technical degree, a law degree in my free time and dozens of courses, workshops and diplomas did not satisfy my need, so empirically I set out on the path towards what I then described as street study and which today I recognize as risk factors.

Professionalization in the issue of security-insecurity has led me to occupy different positions within government agencies, from street police to the ownership of different public security institutions.

However, my growth professionally and at work, the need to know more about the subject did not cease, thus at 38 years of age I resumed my university studies in the new degree in citizen security offered by the Faculty of Law and Social Sciences from the Autonomous University of the State of Morelos.

The breaking of paradigms was not long in coming, the knowledge of new theories and the different meanings of security led me indistinctly to the study of risk and its constituent elements, danger, vulnerability and exposure.

At the end of my undergraduate studies, my alma mater had already assigned me my next role by appointing me coordinator of university protection, a position that I continue to maintain after five years, at the head of this area focused on public safety, the need became present to have procedures regarding civil protection, a situation that unfortunately is attenuated with the earthquake of September 19, 2017, where all the institutional, physical and social vulnerabilities are present.

The damage to our highest university house was unquantifiable, the 138 damaged buildings and the lack of response on the part of the authorities and the university community itself in the face of an emergency situation, only evidenced the immense institutional, physical and structural vulnerabilities to which 43 thousand students, workers and researchers were exposed.

Asentamientos humanos en riesgo a deslizamiento en San Cristóbal de las Casas, Chiapas (estudio de caso: colonia La Garita)

Marco Antonio Pérez Aguilar

Resumen

El crecimiento dinámico de la ciudad de San Cristóbal de Las Casas ha impactado en su desarrollo y se refleja en problemas causados por prácticas sociales y culturales locales: pobreza, ignorancia; y por políticas incorrectas en la aplicación normativa y de leyes. Se analizará un caso de asentamientos humanos vulnerables en la periferia urbana de la ciudad, donde se identifican las causas, las amenazas y factores naturales como humanos, que inciden en el lugar. A través de su historia vemos los cambios significativos demográficos y geográficos hasta el presente de la ciudad.

En el capitulado uno se analizan los antecedentes históricos, los procesos y periodos que conformaron la estructura urbana que presenta (su traza urbana ortogonal) y un modelo de ciudad implantado en Hispanoamérica desde su fundación en 1528 (a través de los periodos importantes marcados en su historia). También veremos su desarrollo territorial a través de sus barrios, que nos marcan periodos constructivos y características notables. Esta historia urbana nos permitirá conocer la caracterización de su población y las catástrofes (naturales, plagas y epidemias) que afectaron el desarrollo de la ciudad y los eventos sociales (hasta hoy en día), han detonado su crecimiento en la periferia de San Cristóbal de Las Casas.

En el capitulado dos mostramos el marco conceptual, la investigación cualitativa que abarca el estudio, el uso y recolección a través de una variedad de materiales empíricos (estudio de caso, historia de vida, entrevista, etc.) que describen los momentos habituales y problemáticos, y los significados en la vida de los individuos (Vasilachis de Gialdino, 2006, pág. 02)[11] con un enfoque etnográfico en el que se analiza la historia y cómo se desarrolla desde sus origines. Como instrumento: la historia de vida, que es la forma en que una persona narra de manera profunda las experiencias de vida en función de la interpretación que esta le haya dado a su vida y el significado que se tenga de una interacción social.

Se analizará la Gestión Integral de Riesgos de Desastres como acciones encaminadas a identificar, analizar, evaluar y reducir los riesgos ante un fenómeno perturbador y las inducidas por la actividad humana, llamadas "construcción social del riesgo"; los conceptos y aspectos que conciernen a un deslizamiento de laderas, tales como son su definición, sus principios físicos, mecánicos e hidrogeológicos. Las causas humanas que afectan la estabilidad de las laderas son: deslizamientos antiguos que pueden

---

[11] Vasilachis de Gialdino, I. (2006). Estrategia de investigación Cualitativa. 2. Obtenido de http://jbposgrado.org/icuali/investigacion%20cualitativa.pdf

reactivarse, la deforestación y urbanización que facilitan la escorrentía y saturación de agua en las masas de suelo, la construcción inadecuada de taludes y excavaciones, y el vertimiento de aguas sobre las laderas.

En el tercer capitulado se realiza la investigación cualitativa dentro del paradigma positivista desde Hernández Moreno (2009). Así se crea una comprensión del fenómeno social, explorando los significados culturales o las formas de interacción social (como son realizadas rutinariamente), y como las personas ven las cosas, no pueden ignorar la importancia de cómo las hacen (Vasilachis de Gialdino, 2006, pág. 3)[12].

Palabras clave: asentamientos humanos, crecimiento, riesgo, Protección Civil, amenazas, deslizamientos de laderas, investigación cualitativa, etnográfico

Abstract

The dynamic growth of the city of San Cristóbal de Las Casas has impacted its development and is reflected in problems caused by local social and cultural practices: poverty, ignorance; and due to incorrect policies in the application of regulations and laws. A case of vulnerable human settlements in the urban periphery of the city will be analyzed, where the causes, threats and natural and human factors that affect the place are identified. Through its history we see the significant demographic and geographical changes of the city to the present.

---

[12] Vasilachis de Gialdino, I. (2006). Estrategia de investigación Cualitativa. 2. Obtenido de http://jbposgrado.org/icuali/investigacion%20cualitativa.pdf

Chapter one analyzes the historical background, the processes and periods that formed the urban structure that it presents (its orthogonal urban layout) and a city model implemented in Latin America since its founding in 1528 (through the important periods marked in its history). This urban history will allow us to know the characterization of its population and the catastrophes (natural, plagues and epidemics) that affected the development of the city and social events (until today), have triggered its growth in the periphery of San Cristóbal de Houses.

In chapter two we show the conceptual framework, the qualitative research that covers the study, use and collection through a variety of empirical materials (case study, life story, interview, etc.) that describe the usual and problematic moments., and the meanings in the lives of individuals (Vasilachis de Gialdino, 2006, page 02) with an ethnographic approach in which history is analyzed and how it has developed since its origins. As an instrument: the life story, which is the way in which a person deeply narrates life experiences based on the interpretation they have given to their life and the meaning they have of a social interaction.

Comprehensive Disaster Risk Management will be analyzed as actions aimed at identifying, analyzing, evaluating and reducing risks in the face of a disturbing phenomenon and those induced by human activity, called "social construction of risk"; the concepts and aspects that concern a hillslide, such as its definition, its physical, mechanical and hydrogeological principles. The human causes that affect the stability of slopes are: old landslides that can be reactivated, deforestation and urbanization that facilitate runoff and saturation of water in soil masses, inadequate construction of slopes and excavations, and the dumping of water on the hillside.

In the third chapter, qualitative research is carried out within the positivist paradigm from Hernández Moreno (2009). This creates an understanding of the social phenomenon, exploring cultural meanings or forms of social interaction (as they are routinely carried out), and as people see things, they cannot ignore the importance of how they do them (Vasilachis de Gialdino, 2006, page 3).

Keywords: human settlements, growth, risk, Civil Protection, threats, landslides, qualitative research, ethnographic

Eficacia en la administración de emergencias del riesgo de desastres en el Estado de Chiapas

José Elías Morales Rodríguez

Resumen

La atención a los desastres es un área de intervención potencial que posee las funciones y acciones que desempeña la Dirección de Administración de Emergencias del Sistema Estatal de Protección Civil en Chiapas, esta investigación surgió, a medida de reflexión y estudio, de diferentes aspectos de la seguridad y, más concretamente, de los servicios de emergencia, planteando analizar con profundidad los modos organizacionales existentes con el fin de proponer un nuevo enfoque, adecuado a las necesidades del usuario actual.

La presente investigación aborda la administración de emergencias, derivada principalmente en la atención ante los fenómenos naturales y antropogénicos. Además, se identifica la resiliencia en la población. El estudio se realizó en los 124 municipios del Estado de Chiapas, esto permitió obtener información pertinente para establecer, desde la educación ambiental, posibles estrategias que ayuden a los ciudadanos a reducir las afectaciones por dichos acontecimientos.

La participación de la población es fundamental para desarrollar capacidades resilientes en la comunidad. Una emergencia es una atención de forma urgente y totalmente imprevista, ya sea por causa de accidente o suceso inesperado (Raffino, M. Estela, 2020). Por su parte, la educación ambiental es una propuesta viable para enfrentar los problemas ambientales (González Gaudiano y Arias, 2009)[13]. Se caracteriza por tener un enfoque complejo que posibilita el entendimiento de las múltiples conexiones que tienen los mencionados inconvenientes con otras problemáticas.

Se diseñó una metodología no experimental cuantitativa que considera el carácter multidisciplinario e interdisciplinario que contienen los conceptos de vulnerabilidad y resiliencia. Se parte del análisis de las tres áreas que Anderson y Woodrow proponen, del modelo de resiliencia individual de Richardson y de los pilares de la capacidad de adaptación comunitaria de Suárez Ojeda, esta trabaja con técnicas como la investigación documental, la encuesta y la entrevista para la recolección de información. Al incrementar la resiliencia de los municipios se contribuye a disminuir la vulnerabilidad ante desastres, de ahí la importancia de trabajar con ambos conceptos y de considerar a actores clave en las comunidades para desarrollar capacidades resilientes.

Los desastres imponen altos costos sociales y económicos en las sociedades, estos pueden reducirse mediante la disminución de riesgos y la adopción de nuevas estrategias a modo aumentar la adaptabilidad. Contar con una guía

---

[13] González Gaudiano, Edgar; Arias Ortega, Miguel Ángel La educación ambiental institucionalizada: actos fallidos y horizontes de posibilidad. Perfiles Educativos, vol. XXXI, núm. 124, 2009,

para el desarrollo de la resiliencia, aun cuando las experiencias de desastres ofrecen lecciones, es necesario basarse en un esquema de probabilidad que determine las fortalezas y oportunidades.

Puesto que una técnica basada sólo en los riesgos y su clasificación es común ante una serie de desastres, la implementación de estrategias implica una visión multifuncional, tomando en cuenta cada indicador base y logrando un análisis para su máximo desarrollo, priorizando los factores en los cuales deben invertir y tomar medidas estructurales alcanzando una mejor eficiencia en función del costo y así salvando vidas, previniendo y reduciendo pérdidas, y asegurando la recuperación y rehabilitación de las comunidades.

Palabras clave: atención de emergencia, administración de emergencias, vulnerabilidad, gestión de riesgos, educación ambiental, estrategias de prevención

Abstract

Attention to disasters is an area of potential intervention that has the functions and actions carried out by the Emergency Management Directorate of the State Civil Protection System in Chiapas, this research arose as a result of reflection and study of different aspects of security. And more specifically, emergency services, proposing to analyze in depth the existing organizational modes, in order to propose a new approach, appropriate to the needs of the current user.

This research addresses emergency management, derived mainly from attention to natural and anthropogenic phenomena. In addition, resilience in the population is identified. The study was carried out in the 124 municipalities of the State of Chiapas. This made it possible to obtain pertinent information to establish, from environmental education, possible strategies that help citizens reduce the effects of such events. The participation of the population is essential to develop resilient capacities in the community. An emergency is urgent and totally unforeseen care, whether due to an accident or unexpected event. (Raffino, M. Estela, 2020). For its part, environmental education is a viable proposal to confront environmental problems (González Gaudiano and Arias, 2009). It is characterized by a complex approach that makes it possible to understand the multiple connections that the aforementioned drawbacks have with other problems.

Riesgos de desastres en el desarrollo urbano (Políticas Públicas para asentamientos humanos y estaciones de gas LP en Monclova, Coahuila, México)

Jesús Alberto Lara Canizales

Resumen

El crecimiento de la ciudad de Monclova, Coahuila, y el afectado ordenamiento territorial por parte del estado y/o municipio, con la autorización desmedida de cambios de uso de suelo permitiendo la construcción de fraccionamientos habitacionales cerca de los centros de almacenamiento de gas e irrespetando las distancias acotadas en leyes o reglamentos de asentamientos humanos y de ordenación del territorio, son situaciones que privan en la localidad mencionada.

La presente investigación aborda el fenómeno desde la perspectiva de Gestión Integral del Riesgo de Desastre. Se investigan los factores que integran el riesgo y daño en la autorización de instalación, operación y reglamentación de las gaseras o centros de almacenamiento de LPG en la ciudad de Monclova, Coahuila; considerando además si existe o no transversalidad de las políticas públicas de la Ley de Asentamientos Humanos, Ordenamiento Territorial, Desarrollo Urbano y Ley de Protección Civil en materia de cambios de uso de suelo. Para lo anterior, se realiza un análisis de riesgo causa-efecto en una muestra representativa de tres gaseras locales. En el instrumento elaborado *in situ*, se incluyeron tres situaciones/fenómenos principales: afectación a viviendas aledañas, riesgo de explosión, reglamentación de autorización y operación; las cuales fueron observadas en cada estación de servicio de gas LP y desglosadas en seis dimensiones: estructural, política, individual, económica, gubernamental y social, para establecer las posibles causas y consecuencias.

Como resultado de la investigación y discusión epistemológica presentada, se concluye que existen una serie de factores estructurales, políticos, individuales, económicos, de gobernanza y sociales que integran la construcción del riesgo, y que éste es antrópico cuando se trata de establecer la capacidad de cada uno de ellos, así como su función en dicha construcción. Otro de los resultados relevantes es la condición de incertidumbre que prevalece entre los habitantes de colonias aledañas a las gaseras visitadas, además de las responsabilidades de los actores involucrados.

Palabras clave: riesgo químico 1, vulnerabilidad 2, estaciones de gas LP 3, gobernanza 4, asentamientos humanos 5, desarrollo urbano 6, GIRD 7

Abstract

The growth of the city of Monclova, Coahuila; and the affected territorial ordering by the State and / or Municipality with the excessive authorization of changes in land use, allowing the construction of housing subdivisions near the gas storage centers, disregarding the distances limited in laws or regulations of human settlements and of territorial ordering, it is a situation that prevails in the mentioned locality.

This research addresses the phenomenon from the perspective of Comprehensive Disaster Risk Management; The factors that make up risk and damage were investigated in the authorization of installation, operation and regulation of gas stations or LPG storage centers in the city of Monclova, Coahuila; considering also whether or not there is transversality of the public policies of the Law on Human Settlements, Territorial Ordering, Urban Development and the Civil Protection Law regarding changes in land use.

For the above, a cause-effect risk analysis was carried out in a representative sample of three local gas stations, in the instrument prepared in situ, three main situations / phenomena were included: Impact on neighboring homes, Risk of explosion, Authorization and operation regulations; which were observed at each LP gas service station and broken down into six dimensions: structural, political, individual, economic, government, social, to establish the possible causes and consequences.

As a result of the research and epistemological discussion presented, it is concluded that there are a series of structural, political, individual, economic, governance and social factors that make up the construction of risk; and that this is anthropic when it comes to establishing the capacity of each one of them, as well as their role in said construction. Another relevant result is the condition of uncertainty that prevails among the inhabitants of neighborhoods near the gas stations visited, in addition to the responsibilities of the actors involved.

Keywords: chemical risk 1, vulnerability 2, LP gas stations 3, governance 4, human settlements 5, urban development 6, GIRD 7

Modelo Municipal de Gestión Integral de Riesgos y Protección Civil para Santiago de Querétaro, Querétaro

Mariana Patricia Goddard Guzmán

Resumen

La Gestión Integral del Riesgo de Desastre (GIRD) busca reducir los daños ocasionados por las amenazas naturales, tales como terremotos, sequías, inundaciones y ciclones, a través de una ética de prevención. De acuerdo a información difundida por la Oficina de las Naciones Unidas para la Reducción de Riesgo de Desastres (UNRRD, 2020), los desastres 'naturales' no existen, sólo existen las amenazas naturales.

La presente investigación tiene como objetivo determinar los factores que intervienen en el proceso de Gestión Integral del Riesgo de Desastre y su relevancia en la creación de políticas públicas para la coordinación entre instituciones, sectores claves, población en general, para mejorar el proceso de GIRD, con miras a desarrollar una propuesta de Modelo Municipal de Gestión Integral de Riesgos y Protección Civil para el Municipio de Querétaro, Qro.

Para lograr lo anterior, se realiza una investigación-acción participativa con enfoque cualitativo, utilizando la técnica de grupo focal, con actores involucrados en el tema, los que brindaron información relevante y actualizada de la realidad vivida en la localidad en cuanto a prevención y gestión del riesgo, por lo que se concluyó que los factores que intervienen en la transición de un modelo de Protección Civil a uno de GIRD son: políticos, públicos, sociales, culturales, de inclusión, derechos humanos, equidad de género, educativos, monetarios, de recursos técnicos, de comunicación y de formación; esto debido a lo informado por los participantes actores protagonistas de la labor de prevención y atención en casos de desastre o emergencia, estableciendo que, por sobre todo, se encuentra la disposición de los distintos órdenes de gobierno y sociedad civil para involucrarse en dichas cuestiones.

Además, se propone un Modelo Municipal de Gestión Integral de Riesgos y Protección Civil que incluye la estructura legal, orgánica, normativa y técnica para lograr los objetivos de GIRD alienados con la agenda 2030; a su vez generar un sistema de la administración pública municipal desde diferentes ámbitos bajo un contexto holístico y de una manera multidisciplinaria.

Palabras clave: vulnerabilidad, construcción social del riesgo, crecimiento urbano, políticas públicas, GIRD

Abstract

Comprehensive Disaster Risk Management (CDRM) seeks to reduce the damage caused by natural hazards, such as earthquakes, droughts, floods and cyclones, through an ethic of prevention. 'Natural' disasters do not exist (UNDRR, 2020). There are only natural threats.

The objective of this research was to determine the different factors around the Comprehensive Disaster Risk Management process and its relevance in the creation of public policies, for the coordination between institutions, key sectors, the general population to improve the CDRM process, with a view to developing a proposal for a Municipal Model of Comprehensive Risk Management and Civil Protection for the Municipality of Querétaro, Qro.

To achieve the above, a participatory action research was carried out with a qualitative approach, using the focus group technique with actors involved in the issue, thus it was concluded that the factors involved in the transition from a Civil Protection model to one of GIRD, are: political, public, social, cultural, inclusion, human rights, gender equality, educational, monetary, technical, communication and training resources; This is due to the information provided by the participants who are protagonists of the work of prevention and care in cases of disaster or emergency, establishing that, above all, there is the willingness of the different orders of government and civil society to get involved in these issues.

In addition, a Municipal Model of Comprehensive Risk Management and Civil Protection is proposed that includes the legal, organic, normative and technical structure to achieve the objectives of the GIRD aligned with the 2030 agenda; in turn, generate a municipal public administration system from different areas, under a holistic context and in a multidisciplinary way.

Keywords: vulnerability, social construction of risk, urban growth, public policies, CDRM

Fomento de una cultura escolar desde la perspectiva de la Gestión Integral de Riesgo de Desastre en el Jardín de niños Alberto Treviño Garza, Guadalupe, Nuevo León, 2021-2022

Fermín Leopoldo Vaquera Barraza

Resumen

Este trabajo es el resultado de una investigación sobre los mecanismos que pueden ayudar a comprender el uso y la incorporación de conceptos de Gestión Integral de Riesgo de Desastre (GIRD) en instituciones nivel básico, puntualizando en el Jardín de niños Alberto Treviño Garza.

El estudio es abordado desde dos vertientes complejas, una es la implementación de medidas que ayuden a mitigar el riesgo de desastre en planteles principalmente vulnerables a factores propios de la región, tomando en cuenta toda amenaza posible en el plantel educativo, a todos estos factores lo llamaremos "escuela segura". La segunda vertiente refiere que la institución fomente la educación resiliente mediante la incorporación de conceptos en la vida diaria del plantel, y de esta forma se llegue a amalgamar una escuela segura y resiliente.

Se toman en cuenta la descripción de políticas públicas educativas y los programas y planes relacionados a programas escolares de Protección Civil que existen en la actualidad para la educación primaria en Nuevo León, así como las acciones que se ligan para construir una sociedad que privilegie la Gestión Integral de Riesgo de Desastre a través de la educación.

Palabras clave: resiliencia, riesgo, transversalidad, Gestión Integral de Riesgo de Desastre

Abstract

This work is the result of an investigation on the mechanisms that can help to understand the use and incorporation of concepts of comprehensive disaster risk management (GIRD), at the basic level of institutions, specifying the Alberto Treviño Garza Kindergarten.

The study was approached from two complex aspects, one is the implementation of measures that help reduce the risk of disaster, in schools that are mainly vulnerable to factors typical of the region, taking into account any possible threat in the educational establishment, to all these factors. we will call it safe school. The second aspect refers to the fact that the institution promotes resilient education by incorporating concepts into the daily life of the campus, and in this way, a safe and resilient school is amalgamated.

The description of educational public policies, programs and plans related to school civil protection programs, which currently exist for primary education in Nuevo León, as well as the actions that are linked to build a society that privileges management are taken into account. Comprehensive disaster risk through education.

Keywords: resilience, risk, transversality, comprehensive disaster risk management

La Gestión Integral del Riesgo en el manejo del aceite lubricante usado. Estudio de caso en la Ciudad de Tuxtla Gutiérrez Chiapas

Alba Vázquez Espinosa

Resumen

La Gestión Integral del Riesgo es un proceso coordinado entre los tres niveles de gobierno con organizaciones sociales y privadas para reducir, prevenir, responder y apoyar la rehabilitación y recuperación frente a eventuales emergencias y desastres, en el marco de un desarrollo sustentable y sostenible, involucrando de manera directa a las diferentes estructuras normativas, como SEMARNAT, Protección Civil, Secretaría de Salud, CONAGUA, que norman, alertan y advierten; y, que para poder hacer frente al desafío de ser resiliente en el manejo integral del aceite usado, precisan proporcionar a la población, de la capacidad y competencia necesaria para prevenir el riesgo de desastre y en el menor de los casos reducirlo o mitigarlo.

Derivado de ello, este estudio de caso, manifiesta la oportunidad de enrolar el manejo de los aceites usados bajo la aplicación de la gestión integral del riesgo, a partir de la identificación de la vulnerabilidad asociada a los factores en su disposición final, a través de un inventario que permitió establecer un diagnóstico de la situación actual que involucra a los actores directos responsables de la correcta gestión de este tipo de residuos, en base al marco normativo vigente aplicable.

Desde el punto de vista profesional me toma gran importancia porque la generación de este contaminante es continua y el resultado de la investigación ayudará a que los usuarios que se dedican a las actividades relacionadas con el sector automotriz y que resultado de ello se origine el aceite usado; que conozcan el riesgo que representa para la salud y el medio ambiente la ausencia de un tratamiento específico del aceite lubricante usado, y a partir de ello adoptar prácticas innovadoras que contribuyan positivamente a la minimización de la contaminación.

Socialmente su relevancia impacta, ya que gracias a la información recopilada y analizada, la gestión y el manejo de este residuo en los establecimientos provocarán un efecto positivo, si se toman medidas para prevenir el manejo inadecuado de aceite usado, valorando su disposición final, en especial el reuso, ya que constituye un recurso energético, que puede ser reutilizado o reprocesado, extrayéndole los aditivos y contaminantes y reutilizándolo como base para la manufactura de nuevos lubricantes o de combustible alterno.

Palabras clave: Gestión del Riesgo, Reuso, Aceite usado, Desarrollo sustentable y sostenible.

Abstract

Comprehensive Risk Management is a coordinated process between the three levels of government with social and private organizations to reduce, prevent, respond and support rehabilitation and recovery in the face of eventual emergencies and disasters, within the framework of sustainable and sustainable development, involving directly to the different regulatory structures, such as SEMARNAT, Civil Protection, Ministry of Health, CONAGUA, which regulate, alert and warn; and, that in order to be able to face the challenge of being resilient in the comprehensive management of used oil, they need to provide the population with the necessary capacity and competence to prevent the risk of disaster and, in the least of cases, reduce or mitigate it.

Derived from this, this case study shows the opportunity to enroll the management of used oils under the application of comprehensive risk management, based on the identification of the vulnerability associated with the factors in their final disposal, through an inventory that allowed establishing a diagnosis of the current situation that involves the direct actors responsible for the correct management of this type of waste, based on the current applicable regulatory framework.

From a professional point of view, it is of great importance to me because the generation of this contaminant is continuous and the result of the research will help users who are dedicated to activities related to the automotive sector and the resulting used oil. ; who are aware of the risk that the lack of specific treatment of used lubricating oil represents for health and the environment, and based on this, they adopt innovative practices that contribute positively to minimizing pollution.

Socially, its relevance has an impact, since thanks to the information collected and analyzed, the management and handling of this waste in establishments will cause a positive effect, if measures are taken to prevent inappropriate handling of used oil, assessing its final disposal, in special reuse, since it constitutes an energy resource, which can be reused or reprocessed, extracting the additives and contaminants and reusing it as a base for the manufacture of new lubricants or alternative fuel.

Keywords: Risk Management, Reuse, Used oil, Sustainable and sustainable development.

Identificación de los factores físicos y humanos desencadenantes de riesgos de incendios industriales (caso: Cuprum Metales Laminados)

Anselmo Reyes Martínez

Resumen

El fuego es un elemento primordial de desarrollo en nuestra civilización y el paso de una a otra etapa de la evolución de la raza humana está íntimamente ligado a la aplicación del fuego en diferentes situaciones que han contribuido a dichos avances. Pero también puede convertirse en una amenaza seria e incontrolable en el contexto actual de la Gestión Integral de Riesgo; de manera multilateral se presentan factores físicos, de infraestructura, técnicos y humanos que pueden desencadenar en consecuencias lamentables.

Los incendios forestales, urbanos e industriales deben ser analizados de manera holística. En los últimos 100 años se ha apostado por entender el fuego como un fenómeno físico químico y se han excluido los factores sociales que lo provocan. Como resultado de una construcción social del riesgo y en nuestra realidad actual, esto incrementa por la falta de regulación, recursos, capacitación, concientización y evaluación adecuada del riesgo de incendio.

En el caso de los incendios urbanos e industriales para el área de influencia geográfica donde se desarrolló la presente investigación, se han presentado tragedias lamentables desde el incendio en el Casino Royale ocurrido el 25 de agosto de 2011, con un saldo de 52 personas muertas y 10 lesionados, hasta la ocurrencia con regularidad de incendios industriales, que se incrementan en la temporada de estiaje.

Esta investigación se aborda como un estudio de caso por la flexibilidad, profundidad, particularidad y complejidad de la amenaza de incendio en la instalación industrial denominada Cuprum Metales Laminados, Planta San Nicolás. La instalación fue seleccionada como una representación típica del 80% de los establecimientos industriales asentados en Nuevo León, que conviven con actividades de servicios, comerciales e inclusive zonas habitacionales en su entorno, para este estudio de caso, en los alrededores se asienta el Hospital Metropolitano, unidades habitacionales a no más de 500 metros, actividades comerciales e inclusive la línea 3 del metro.

Bajo la metodología cualitativa, el estudio pretende que los factores físicos y humanos de esta instalación sean analizadas como un estudio de caso aplicando la entrevista, la observación y el uso de documentos en la triangulación de la información para entender cómo se produce esta amenaza desde una perspectiva de construcción social del riesgo y emerja de este caso la teoría de los factores físicos, humanos, de estructura y funcionamiento de esta instalación que causan los riesgos de incendio.

Aunque cada establecimiento industrial tiene sus propias particularidades, se pretende que el conocimiento inductivo proveniente de esta investigación pueda ser aplicado en la realidad de cada empresa y puedan establecerse mejores planes de prevención, de evaluación y control del riesgo de incendio, recomendando a las actividades productivas en el área metropolitana de Monterrey que disminuyan el riesgo de desastre por la amenaza de incendio, y puedan convivir con las otras actividades ya asentadas y la seguridad de la población se incremente.

Abstract

Fire is a fundamental element of development in our civilization, the passage from one stage to another in the evolution of the human race is closely linked to the application of fire in different situations that have contributed to said advances. But it can also become a serious and uncontrollable threat, in the current context of comprehensive risk management; physical, infrastructure, technical and human factors arise multilaterally that can lead to unfortunate consequences.

Forest, urban and industrial fires must be analyzed holistically; In the last 100 years there has been a commitment to understanding fire as a physical-chemical phenomenon, and the social factors that cause it have been excluded, as a result of a social construction of risk and in our current reality this increases due to the lack of regulation, resources, training, awareness and adequate fire risk assessment. In the case of urban and industrial fires for the geographical area of influence where this investigation was carried out, unfortunate tragedies have occurred since the fire at the Casino Royale that occurred on August 25, 2011, with a balance of 52 people dead and 10 injured, to the regular occurrence of industrial fires, which increase during the dry season.

This research has been approached as a case study, due to the flexibility, depth, particularity and complexity of the fire threat in the industrial facility called Cuprum Metales Laminates San Nicolás Plant; The facility was selected as a typical representation of 80 percent of the industrial establishments located in Nuevo León, which coexist with service and commercial activities and even residential areas in its surroundings. For this case study, the surrounding area is located Metropolitan Hospital, housing units no more than 500 meters away, commercial activities and even metro line 3.

Under the qualitative methodology, the study intended that the physical and human factors of this facility be analyzed as a case study applying interview, observation and the use of documents in the triangulation of information to understand how this threat occurs from a perspective of social construction of risk and emerge from this case, the theory of the physical, human, structure and functioning factors of this facility that cause fire risks.

Although each industrial establishment has its own particularities, it was intended that the inductive knowledge coming from this research can be applied to the reality of each company and better fire risk prevention, evaluation and control plans can be established, recommending productive activities in the metropolitan area of Monterrey that reduce the risk of disaster due to the threat of fire, can coexist with the other activities already established and the security of the population is increased.

El Plan de Seguridad Escolar, estrategia de prevención de riesgos en el EMSAD número 10 de Comalcalco, Tabasco, 2019-2020

Hugo Enrique Graff Izquierdo

Resumen

La educación contiene en sí un proceso de enseñanza–aprendizaje que en su esencia misma involucra a varios actores (educandos, docentes, padres de familia, entre otros), que a su vez tiene espacios físicos necesarios para su desarrollo, como el aula, espacios lúdicos y de recreación, etc. Es aquí donde entra el tema de Manejo Integral del Riesgo, ya que de pronto un fenómeno perturbador interrumpe el escenario donde se desenvuelve esta actividad compleja de la enseñanza y trastoca a los actores y el proceso de retroalimentación de conocimientos, como ha sucedido en la historia del país: Ciudad de México, 1985 (terremoto); Chiapas, 2005 (tormenta tropical Stan); Ciudad de México, 2017 (terremoto); Tabasco, 2007 (inundación), entre otras; donde todas las actividades educativas son suspendidas y los procesos de enseñanza se ven truncados y es necesario reestructurar los ciclos escolares.

Interrumpir los ciclos escolares, con todo lo que implica truncar los procesos, contenidos, y metodologías, no es el impacto más grave de los riesgos en la sociedad en general y en la sociedad estudiantil, sino que también ha cobrado vidas en los actores: alumnado, docentes y personal que labora en los centros educativos, junto a destrucción de la infraestructura y recursos escolares. De lo anterior deducimos que es necesario trabajar en los Planes de Seguridad Escolar en todos los niveles educativos, desde preescolar hasta el nivel superior.

En nuestro caso estamos sensibilizando uno de los niveles educativos en México que no se le ha dedicado la atención necesaria por no ser parte de la educación básica, es decir, el Nivel Medio Superior, mejor conocido como bachillerato.

Palabras clave: Manejo Integral del Riesgo, prevención, Educación Media Superior, Comalcalco, estrategia

Abstract

Education is true that it contains in itself a Teaching-Learning process, which in its very essence involves various actors (learners, teachers, parents, among others), which in turn has physical spaces necessary for its development such as classroom, recreational and recreational spaces, etc. And this is where the topic of Comprehensive Risk Management comes in, since suddenly a disturbing phenomenon interrupts the scenario where this complex teaching activity takes place and disrupts the actors and the knowledge feedback process, as has happened in the Country History: Mexico City 1985 (earthquake), Chiapas 2005 (Tropical Storm Stan) Mexico State 2017 (earthquake) Tabasco 2007 (Flood), among others; where all educational activities are suspended, and teaching processes are truncated and it is necessary to restructure school cycles.

But interrupting the school cycles with everything that implies truncating the processes, contents, and methodologies is not the most serious impact of the Risks in the society in general and in the student society, but has also taken lives in the actors: students, teachers and staff working in schools.

Along with destruction of school infrastructure and resources from the above we deduce that it is necessary to work on School Safety Plans at all educational levels, from preschool to higher level. But in our case, we are sensitizing one of the educational levels in Mexico that has not been given the necessary attention because it is not part of basic education, that is, the Upper Middle Level, better known as high school.

Keywords: Comprehensive Risk Management, prevention, High School Education, Comalcalco, strategy

Cumplimiento de la NOM 087-ECOL-SSA1-2002 en el manejo de Residuos Peligrosos Biológicos Infecciosos generados en hospitales del Instituto de Salud del Estado de Chiapas, 2007-2014, identificando un posible riesgo sanitario en el proceso

Carlos Alberto Niño Díaz

Resumen

En esta memoria profesional se hace una remembranza de la experiencia vivida dentro de la Comisión Central Mixta de Seguridad e Higiene en el Trabajo del Instituto de Salud de Chiapas entre los años 2007 y 2014. Por el tiempo desarrollado en esta función, surge la necesidad de realizar una revisión documental en las minutas generadas durante esos años. Se aborda como parte central el manejo de los Residuos Peligrosos Biológicos Infecciosos de acuerdo a la NOM 087-ECOL-SSA1-2002, identificando las diferentes etapas en el manejo de los residuos, señalando deficiencias y aciertos en las Unidades de Salud visitadas.

Se conoció el grado de capacitación dentro de los Hospitales de Segundo Nivel en atención aplicando un cuestionario relacionado al tema, conociendo así las debilidades y fortalezas que llevaron a plantear el objetivo de mejorar el proceso en el uso de los residuos generados dentro del hospital.

Con esa información se determina el riesgo sanitario que se puede generar por el manejo inadecuado de los residuos en las diferentes etapas del proceso que inicia desde la identificación, clasificación, recolección, transporte, almacén y destino final. Por último, cabe aclarar que, por razones de conflicto de interés, en esta memoria se omite el nombre de los hospitales, tomando la decisión de hacer mención de manera genérica, ya que aún formo parte del sistema de salud en Chiapas como trabajador. Cabe aclarar que los hospitales están bien identificados.

Palabras clave: Residuos Peligrosos Biológicos Infecciosos (RPBI), Hospital de Segundo Nivel, Riesgo Sanitario

Abstract

In this professional report, a remembrance is made of the experience lived within the Joint Central Commission for Safety and Hygiene at Work of the Chiapas Health Institute between the years 2007 to 2014. Due to the time spent in this function, the need arises to carry out a documentary review of the minutes generated during those years. The management of Infectious Biological Hazardous Waste is addressed as a central part according to NOM 087- ECOL- SSA1-2002, identifying the different stages in the management of waste, pointing out deficiencies and successes in the Health Units visited. The degree of training within Second Level Hospitals in care was known by applying a questionnaire related to the topic.

Thus knowing the weaknesses and strengths that led to setting the objective of improving the process in the use of waste generated within the hospital. With this information, the health risk that can be generated by the inadequate management of waste in the different stages of the process that begins from identification, classification, collection, transportation, storage and final destination was determined.

Finally, it is worth clarifying that for reasons of conflict of interest in this report, the name of the Hospitals is omitted, making the decision to mention it generically, since I am still part of the health system in Chiapas as a worker; It should be noted that the hospitals are well identified.

Keywords: Hazardous Infectious Biological Waste (RPBI), Second Level Hospital, Health Risk

Usos y costumbres de la infraestructura física educativa, afectación en fenómenos naturales (caso de la escuela preparatoria no. 3, Tapachula, Chiapas)

Benjamín Martínez López

Resumen

El presente trabajo es un estudio de caso denominado "Usos y costumbres de la infraestructura física educativa, afectación en fenómenos naturales (caso de la escuela preparatoria no. 3, Tapachula, Chiapas)", en el cual se abordarán cuatro capítulos que engloban la problemática de la infraestructura física educativa en el momento en que se presenta un sismo: qué tan vulnerable es el plantel educativo, la metodología a seguir en la evaluación de los posibles daños o afectación de las instalaciones educativas, análisis de la forma tradicional del proceso constructivo, considerando como base las normas NMX-R-24SCFI-2009.

Se hace también un cuadro comparativo del proceso constructivo hace 30 años con el actual. De igual forma, se realiza un análisis donde interactúa la observación directa ocular, entrevistas o encuestas realizadas entre el personal administrativo, personal de intendencia, padres de familia, docentes y alumnado en general de cómo percibieron ellos el fenómeno natural geológico y qué tan vulnerables se sintieron durante el evento.

Se menciona también la tipología de suelos existentes en la zona soconusco, haciendo un realce en el origen de los movimientos geológicos que se muestran en la misma. Con un estudio a fonde se hacen visibles tanto las clases de suelo que se encuentran, el tipo de rocas que caracteriza a la zona, las precipitaciones anuales, las localidades más propensas a desastres naturales y por demás, aun enfocando la historia de las distintas clases de fenómenos severos, causantes de muchos daños que se han llegado a presentar. Conceptualizando la metodología, se hace una valoración minuciosa en cuanto al trámite y respuesta de los institutos federal y estatal hacia las afectaciones de la problemática en la evaluación de daños de la infraestructura física educativa, de esta forma dando un panorama más extenso de la calidad de atención-solución, misma metodología que se podría replicar en otros planteles educativos.

Abstract

The present work is a case study called "Uses and customs of the physical educational infrastructure, impact on natural phenomena (case of preparatory school no. 3, Tapachula, Chiapas", in which four chapters will be addressed, which encompass the problem of infrastructure. Educational physics at the time when an earthquake occurs, how vulnerable the educational facility is, the methodology to follow in the evaluation of possible damage or affectation of educational facilities, analysis of the traditional form of the construction process, considering as a basis the NMX-R-24SCFI-2009 Standards.

Also making a comparative table of the construction process 30 years ago with the current one. Likewise, carry out an analysis where direct ocular observation, interviews or surveys carried out among administrative staff, maintenance staff, parents, teachers and students in general interact, of how they perceived the natural geological phenomenon and how vulnerable they felt. During the event. The typology of existing soils in the Soconusco area is also mentioned, highlighting the origin of the geological movements shown therein; Doing an in-depth study makes visible the types of soil found, the type of rocks that characterize the area, the annual rainfall, which are the locations most prone to natural disasters, and more, even focusing on the history of the different types of severe phenomena, causing much damage, that have occurred.

Conceptualizing the methodology, a thorough assessment will be made regarding the process and response of the federal and state institutes towards the effects of the problem in the evaluation of damages to the physical educational infrastructure, thus giving a more extensive overview of the quality of attention-solution, same methodology that could be replicated in other educational establishments.

Profesionalización del personal militar de la VII Región Militar en materia de Protección Civil

Alejandro Quirino Cornejo Villegas

Resumen

Este documento presenta el proyecto de la elaboración de un programa de capacitación en materia de Protección Civil dirigido al personal militar de la VII Región Militar. El motivo de la elaboración del citado programa obedece al resultado de un trabajo de investigación que se realiza utilizando el método cualitativo, usando como instrumentos el *focus group* y el cuestionario, en donde se buscó detectar el enfoque erróneo que tenía el personal militar de lo que hoy en día es la Protección Civil, pues el soldado mexicano está íntimamente ligado a estas actividades, principalmente porque colabora activamente en la aplicación del plan DN-III- E en las labores de auxilio en una situación de emergencia. Este tema no le es ajeno, sin embargo, carece del conocimiento de lo que es la Gestión Integral de Riesgo y Protección Civil. El principal objetivo es elaborar una herramienta para corregir ese mal enfoque. En este caso la herramienta es el programa de capacitación.

Es de destacar la importancia que reviste el hecho de que el personal militar tenga una idea clara de lo que es actualmente la Protección Civil y la Gestión Integral de

Riesgo, pues independientemente de que se encuentra en constante contacto con el tema, no debemos dejar de lado que el militar y su familia forman parte de la sociedad, y como tal se encuentran expuestos a los diferentes riesgos y peligros del entorno en donde se desarrolla. Como resultado se obtiene un programa de capacitación en materia de Protección Civil dirigido al personal militar, el cual será un instrumento para dotarlos de conocimiento, además de que contribuirá en la reducción y previsión de los diferentes riesgos a los que están expuestos, asimismo, al fortalecimiento de la prevención que debe de existir en las fuerzas armadas y al fomento de la cultura de Protección Civil.

Abstract

This document presents the project for the development of a training program in civil protection aimed at military personnel of the VII Military Region, the reason for the development of the aforementioned program is due to the result of a research work which was carried out using the qualitative method and as instruments the focus group and the questionnaire, which sought to detect the erroneous approach that military personnel had of what today is civil protection, since the Mexican soldier is closely linked to these activities, mainly because he collaborates actively in the application of the DN III E plan in relief efforts in an emergency situation, so the topic is not foreign to him, however, he lacks knowledge of what comprehensive risk management and civil protection is; having as its main objective, to develop a tool to correct this bad approach, which in this case the tool is the training program.

It is worth highlighting the importance of military personnel having a clear idea of what civil protection and comprehensive risk management currently is, because regardless of whether they are in constant contact with the subject, we must not stop side that the soldier and his family are part of society, and as such he is exposed to the different risks and dangers of the environment in which he develops.

As a result, a training program on civil protection was obtained aimed at military personnel, which will be an instrument to provide them with knowledge, in addition to contributing to the reduction and prediction of the different risks to which they are exposed, as well as strengthening of the prevention that must exist in the armed forces and the promotion of the culture of civil protection. they adopt innovative practices that contribute positively to minimizing pollution. Socially, its relevance has an impact, since, thanks to the information collected and analyzed, the management and handling of this waste in establishments will cause a positive effect, if measures are taken to prevent improper handling of used oil, assessing its final disposal, especially reuse, since it constitutes an energy resource, which can be reused or reprocessed.

INVESTIGACIONES DE LICENCIATURA

Factores físicos y ambientales que vulneran la resistencia del block de concreto en comercios informales de las regiones metropolitana, istmo costa, frailesca y soconusco, Chiapas.

Jhonatán Abisaí Suchiapa Jonapá

Resumen

La presente investigación tiene como objetivo identificar los factores físicos y ambientales que vulneran la resistencia de los bloques de concreto en establecimientos informales de las regiones económicas metropolitana, istmo costa, frailesca y soconusco, Chiapas, comprobando si existen deficiencias en la dosificación, calidad de los materiales y la técnica utilizadas en la fabricación de bloques de concreto que provocan fragilidad de las construcciones ante fenómenos sísmicos. Para ello se seleccionó a la población de estudio, a 21 municipios principalmente ubicados en la franja sísmica C y D catalogados como peligro alto y muy alto conforme a la Comisión Federal de Electricidad.

Obteniendo como muestra a 372 ejemplares de bloques de concreto, se usó el método de enfoque mixto (cuanti-tativo-cualitativo) con diseño científico-experimental, ya que para identificar estos factores se elaboraron tres lotes de bloques en los que se manipuló intencionalmente a la variable independiente. Después, con los resultados obtenidos, en el que se mejoró la resistencia a compresión de los bloques de concreto se podrán ejecutar obras preventivas con mayor conocimiento por parte de los fabricantes de bloques de concreto para brindar una mayor seguridad a las viviendas chiapanecas.

Para los instrumentos de recolección de datos se realizaron guías de observación de las muestras obtenidas y procesadas con una Máquina de Ensayo Universal para determinar el grado de vulnerabilidad de los bloques de concreto comercializados en estos establecimientos, con la finalidad diseñar y fortalecer los sistemas constructivos futuros, garantizando una mayor resiliencia en las viviendas chiapanecas.

Palabras claves: factores, establecimientos informales, resistencia a compresión, resiliencia, bloques de concreto

Abstract

The objective of this research is to identify the physical and environmental factors that violate the resistance of concrete blocks in informal establishments in the metropolitan, isthmus costa, frailesca and soconusco economic regions, Chiapas, verifying if there are deficiencies in the dosage, quality of the materials and the technique used in the manufacture of concrete blocks that cause fragility of the constructions in the face of seismic phenomena, for this the study population was selected to 21 municipalities, mainly located in the seismic strip C and D classified as High and very dangerous. high according to the Federal Electricity Commission.

Obtaining 372 examples of concrete blocks as a sample, the mixed approach method (quantitative-qualitative) with a scientific- experimental design was used, since to identify these factors three batches of blocks were elaborated in which the variable was intentionally manipulated.

Afterwards, with the results obtained in which the compressive strength of the concrete blocks was improved, preventive works can be carried out with greater knowledge on the part of the concrete block manufacturers, to provide greater security to Chiapas homes. For the data collection instruments, observation guides were made for the samples obtained and processed with a Universal Testing Machine, to determine the degree of vulnerability of the concrete blocks marketed in these establishments, with the purpose of designing and strengthening the systems. Future construction, guaranteeing greater resilience in Chiapas homes.

Keywords: factors, informal establishments, compressive strength, resilience, concrete blocks

Identificación de riesgo ante lluvias intensas mediante la elaboración de un mapa por peligro de inundación, mediante modelos matemáticos (caso comunidades cercanas a la microcuenca de la corriente lacandón, al sur de Tuxtla Gutiérrez, Chiapas)

César Andrey Torrez Ovando

Resumen

Esta investigación se centra en la microcuenca de la corriente lacandón, ubicada al sur de la Ciudad de Tuxtla Gutiérrez (Chiapas), siendo una de las principales afluentes que aportan al río Sabinalito, determinando el caudal asociado a diferentes periodos de retorno y la capacidad máxima que tiene el propio afluente de conducir el caudal que llega a él a través del proceso lluvia-escurrimiento.

Se tiene como propósito identificar las localidades más cercanas y ubicadas en zonas inundables con la finalidad de conocer el caudal que se pueda presentar en época de lluvias mediante gastos máximos y así disminuir el riesgo de inundación ante futuras construcciones o desarrollo urbano del territorio. La metodología usada es un análisis y simulación del comportamiento de la zona inundable, con la utilización del modelo matemático unidimensional (IBER), para con ello realizar el dimensionamiento de las zonas de riesgo más vulnerables y la información generada se incorporará a efecto de actualizar el Atlas Estatal de Riesgos.

La información generada es un mapa de riesgo por inundación donde se analizan las características naturales del sitio en estudio: pendiente, topografía, edafología, geología, escurrimientos naturales, etc., con la cual se obtienen las zonas más susceptibles a inundaciones y el nivel que alcanza el cauce en la zona de estudio.

Palabras claves: inundación, microcuenca, gastos máximos, modelo IBER, mapa de riesgo, atlas estatal de riesgos

Abstract

The present investigation focused on the micro-basin of the Lacandon stream, located to the south of the City of Tuxtla Gutiérrez (Chiapas), being one of the main tributaries that contribute to the Sabinalito river, determining the flow associated with different return periods and the capacity maximum that the tributary itself has to conduct the flow that reaches it through the rain-runoff process.

The purpose was to identify the closest localities and located in flood- prone areas, in order to know the flow that may occur in the rainy season, through maximum expenses and reduce the risk of flooding in the face of future constructions or urban development of the territory. The methodology to follow was to analyze and simulate the behavior of the flood zone, with the use of the one-dimensional mathematical model (IBER), in order to carry out the dimensioning of the most vulnerable risk zones and the information generated will be incorporated in order to update the State Risk Atlas.

The information generated was a flood risk map where the natural characteristics of the study site were analyzed: slope, topography, pedology, geology, natural runoff, etc., with which the areas most susceptible to flooding and the level that reaches the channel in the study area.

Keywords: flood 1, micro-watershed 2, rainfall 3, mathematical model 4, risk and State Risk Atlas 5

Los factores naturales y antrópicos generadores de riesgos de desastres en el plantel medio superior preparatoria núm. 7 del municipio de Tuxtla Gutiérrez, Chiapas, 2021

Blanca Esmeralda Sánchez Ramos

Resumen

La presente investigación tiene como objetivo realizar un análisis sobre el nivel de riesgo del plantel, identificando los principales fenómenos naturales a los que se encuentran vulnerables, para ello se usaron fichas metodológicas que ayudarán a evaluar la parte física de la estructura, con los resultados obtenidos, se podrán ejecutar obras de mitigación para brindar una mayor seguridad a todos los individuos pertenecientes a esta institución. Se realizarán encuestas al personal para determinar el conocimiento en materia de Protección Civil, con la finalidad de fortalecer las capacidades con las que cuentan, garantizando una rápida respuesta ante la presencia de una emergencia.

Palabras claves: analizar, nivel de riesgo, identificación, conocimiento, obras de mitigación

Abstract

The objective of this research is to carry out an analysis on the level of risk of the campus, identifýing the main natural phenomena to which they are vulnerable, for these methodological sheets will be used that will help to evaluate the physical part of the structure, with the results obtained, mitigation works may be carried out to provide greater security to all individuals belonging to this institution. Personnel surveys will be conducted to determine their knowledge of civil protection, in order to strengthen their capacities, guaranteeing a rapid response in the presence of an emergency.

Keywords: analyze, risk level, ID, knowledge, mitigation wo.

Evaluación del riesgo por deslizamiento de ladera en la col. Caimba, Pichucalco, Chiapas

Tania Cristel Ordoñez Ramírez

Resumen

Los deslizamientos de ladera, también conocidos como "procesos de remoción de masa" son un fenómeno geológico que representa un riesgo significativo para las comunidades, ya que al combinarse la amenaza, exposición, vulnerabilidad y factores detonantes, como las lluvias intensas, sismos y las actividades antropogénicas, pueden generar emergencias o desastres que dejan víctimas humanas, cuantiosas pérdidas económicas, daños a los ecosistemas y perdidas en fuentes de sustento.

Este estudio de investigación se centra en la colonia Caimba del municipio de Pichucalco, Chiapas, para determinar el riesgo por deslizamiento de ladera que se presenta, identificar las vulnerabilidades y conocer qué tan susceptible es que este fenómeno geológico pueda volver a manifestarse en la zona de estudio.

La metodología es parte de un enfoque positivista de tipo mixta; auxiliándonos de un método de la geotecnia mediante el uso del Penetrómetro Dinámico Ligero a Energía Variable (PANDA), el cual calcula la energía transmitida, la profundidad de sondeo y la resistencia del suelo estudiado.

Con ello se localizan las zonas más susceptibles a deslizamiento. Los datos recolectados con el equipo PANDA permiten identificar un espesor vulnerable promedio de 1.82 metros. Si llegara a suceder otro deslizamiento y todo este material fuese removido, podría llegar a poner en peligro a 17 viviendas, alcanzando volúmenes de suelo susceptible a deslizamiento de hasta 500 camiones de 6m3. Asimismo, se utiliza la fotogrametría, que es un método topográfico para obtener el modelo digital de elevación mediante el procesamiento de imágenes obtenidas por un vehículo aéreo no tripulado.

Los resultados obtenidos muestran que existe un riesgo alto por deslizamiento de ladera para la población de la colonia Caimba del municipio de Pichucalco, Chiapas. Este resultado se presenta en un mapa de riesgos donde se caracteriza naturales de la colonia y se identifican las zonas más susceptibles a sufrir un deslizamiento de ladera, sirviendo como referencia para el ordenamiento territorial y el reglamento de construcción del municipio e impulsar políticas públicas que disminuyan la construcción social del riesgo y mejoren la resiliencia comunitaria, fomentando un desarrollo sostenible para el municipio de Pichucalco, Chiapas.

Palabras claves: factores detonantes, fotogrametría, riesgo, susceptibilidad, PANDA, factores determinantes, vulnerabilidad, resistencia del suelo

Abstract

Landslides, also known as landslides, are a geological phenomenon that represent a significant risk for communities, since the combination of hazard, exposure, vulnerability and triggering factors such as heavy rains, earthquakes and anthropogenic activities, can generate emergencies or disasters that leave human casualties, heavy economic losses, damage to ecosystems and loss of livelihoods.

This research study focused on Colonia Caimba in the municipality of Pichucalco, Chiapas; to determine the risk of landslides, identify vulnerabilities and know how susceptible it is that this geological phenomenon may occur again in the study area.

The methodology was part of a mixed positivist approach; using a geotechnical method by means of the use of the Variable Energy Light Dynamic Penetrometer (PANDA), which calculated the transmitted energy, the depth of probing and the resistance of the soil studied, with this we were able to locate the area's most susceptible to landslides. The data collected with the PANDA equipment allowed identifying an average vulnerable thickness of 1.82 meters. If another landslide were to occur and all this material is removed, it could endanger 17 houses, reaching volumes of soil susceptible to landslides of up to 500 trucks of 6m3. Likewise, photogrammetry was used, which is a topographic method to obtain the digital elevation model by processing images obtained by an unmanned aerial vehicle.

The results obtained show that there is a high risk of landslide for the population of the Caimba neighborhood in the municipality of Pichucalco, Chiapas; this result is presented in a risk map where the natural features of the neighborhood are characterized and the area's most susceptible to a landslide are identified, serving as a reference for land use planning and building regulations of the municipality and promoting public policies that reduce the social construction of risk and improve community resilience, promoting sustainable development for the municipality of Pichucalco, Chiapas.

Keywords: triggers, photogrammetry, risk, susceptibility, PANDA, determinants, vulnerability, soil resistance

APÉNDICE

Directorio de personal de la Escuela Nacional de Protección Civil, Campus Universitario Chiapas

Dr. Luis Manuel García Moreno
Secretario de Protección Civil del
Estado de Chiapas

Cap. Juan Antonio Vargas Reyes
Director de la Escuela Nacional
de Protección Civil, Campus
Universitario Chiapas

Dra. Amanda Margarita
Martínez Trujillo
Jefe de Departamento de Servicios
Escolares
Coordinadora Académica

Dr. Isaac Muñoz Gómez
Jefe de Departamento de
Profesionalización
Coordinador de Estudios de
Postgrado en el Programa de
Doctorados

Mtro. Bernardo Gonzálo Gómez
Guerra
Coordinador de Estudios de
Postgrado en el Programa de
Maestrías

Dr. Erick Sánchez Martínez
Coordinador de la Licenciatura en
Urgencias Médica Prehospitalarias
y de Atención Prehospitalaria

Dr. Edgar Ricardo Morgan López
Coordinador de la Licenciatura
en Protección Civil y de Gestión
del Agua. Colaborador en la
realización de esta obra

Ing. Neftalí Pérez Pérez
Coordinador de la Ingeniería en
Gestión del Riesgo

Dr. Luis Gerardo Conde
Gutiérrez
Coordinador de Educación
Continua

Lic. Oswaldo López Farrera
Coordinador de Capacitación

Lic. María del Carmen Castillo
Cortéz
Coordinadora de Control Escolar

Dr. Roberto Trinidad Manzo
  Coordinador de Vinculación

O.O.A. Gaspar Omar Acuña Valencia
  Dirección de Formación Técnico-Aeronáutica de la Escuela de Aviación Chiapas

Cap. P.A.C. Álvaro Amado Neri Martínez
  Coordinador de la Licenciatura en Piloto Aviador

Cap. Miguel Ángeles Trejo
  Coordinación del Centro de lenguas

Luis Antonio García Pineda
  Coordinador de Simuladores

Administrativos

Alberto Hernández Macal

Abimael Luis Hernández

Blanca Esmeralda Sánchez Ramos

Bladimir Rodríguez Castañeda

Carmelino Rodríguez García

Carlos Mauricio Camacho García

Daniela Monserrat Gil Ramos

Eleuterio Sánchez González

Fátima Guadalupe Ramírez Torrez

Fernanda Estephanía Espinoza Sánchez

Guillermo Flores Martínez

Henry Escobar Pérez

Javier Navarrete Leyva

Jeovani Daniel Viza López

Jesús Guadalupe Valles Vázquez

José Benito Domínguez Cameras

Jorge Luis Torres Vidal

Jorge Luis Coutiño Vicente

José Flores Barrios

Johan A. Rodríguez Villarreal

Juan Ovando Mejía

Juan Alberto Valueta de la Cruz

Juan Pablo Santiago Lara

Karla María Santander Orueta

Lázaro Soto Gómez

Leiber Zepeda Gómez

Luis Enrique Díaz Zavaleta

Luis Humberto González Pérez

Marbella Ordoñez Pérez

Mellanie Jacqueline Domínguez López

Melissa Escobar López

Neil Milton Rodríguez Zantizo

Nehemías Gómez Hernández

Noemí Borrego González

Oscar Hugo Núñez Pérez

Roger Rodríguez Molina

Samantha del Carmen Méndez Mendoza

Sebastián Morales Vázquez

Sergio Escobar Champo

Teresa de Jesús Narcia Hernández

Valeria Guillén Iturbide

Vicente López López

Verónica García Cancino

Docentes de Doctorado

Dr. Gustavo Wilches Chaux

Dr. Gontrán Villalobos Sánchez

Dr. Emiliano Leovigildo Hernández López

Dr. Rogelio Aguilar Cruz

Dr. Edgar Ricardo Morgan López

Dr. Gonzalo Coporo Quintana

Dr. Luis Miguel Pérez Juárez

Dr. Raymundo Padilla Lozoya

Dr. Arcenio Gutiérrez Estrada

Dr. Antoine Libert Amico

Dr. Artemio Molina Utrilla

Dra. Araceli Pedroza Serrano

Dra. Sandra Urania Moreno Andrade

Dr. Daniel Roque Figueroa

Mtra. Raquel Lejtreguer

Dr. Rogelio Altez Ortega

Dra. María Nazareth Rodríguez Alarcón

Dr. Fidel Álvarez González

Dr. Gustavo Rafael Aranda Hernández

Mtra. Salvador Pérez Maldonado

Mtro. Víctor Cárdenas Hernández

Dr. Jaime Guadalupe de Alba Zermeño Zenteno

Dr. Arístides de la Cruz Gallegos

Mtra. Jorge Escalera Alcázar

Lic. Sergio Solís Jiménez

Dr. Luis García Márquez

Dr. Teodosio Caryl Cayo Araya

Mtro. Roberto Piol Puppio

Dr. Netzahualcóyotl Flores Lázaro

Docentes de Maestría

Dra. Ana Lucía Hill Mayoral

Mtra. Laura Gurza Jaidar

Mtro. Óscar Zepeda Ramos

Ing. Enrique Guevara Ortiz

Dr. Carlos Rodrigo Garibay Rubio

Dr. Froilán Esquinca Cano

Dr. José Luis L. Arellano Monterrosas

Mtro. Horacio Rubio Gutiérrez

Dra. Sandra Urania Moreno Andrade

Dr. Gontrán Villalobos Sánchez

Mtro. Arturo Montalvo García

Dr. Arcenio Gutiérrez Estrada

Dr. Daniel Roque Figueroa

Dr. Edgar Ricardo Morgan López

Dr. Rogelio Aguilar Cruz

Mtra. Thalía Alfonsina Reyes Pimentel

Dr. Roberto Bonifaz Alfonzo

Dra. Araceli Pedroza Serrano

Dr. Emiliano Leovigildo Hernández López

Dr. Artemio Molina Utrilla

Mtro. Magín Odiseo Gómez Díaz

Mtro. Antoine Libert Amico

Mtra. Alva Zoraida Maldonado Fonseca

Dra. María de Lourdes Romo Aguilar

Dr. Pablo Francisco Chávez Mejía

Mtro. Arturo Carbajal Valdés

Mtro. José Francisco Cancino León

Dr. Juan Rodolfo Romero Figuera

Dr. Roberto Trinidad Manzo

Dr. Isaías Tranquilino Hernández López

Docentes Licenciatura

Mvz. José Alejandro Hernández Martínez

Mtro. Guillermo Alberto Zenteno Cruz

Mtro. Eder Armando Caballero Moreno

Mtro. Victor Manuel Jiménez

Ing. Priscila Esquinca Sol

Mtro. René Santiago Santiago

Mtro. Leonardo Antonio Hernández Villarreal

Arq. William Estrada Chacón

Mtro. Wilmer Antonio López Molina

Mtro. José Elías Morales Rodríguez

Mtro. José Jorge Córdoba Lío

Mtra. Rubí Del Carmen García Rodríguez

Ing. Artemio Neftalí Pérez Pérez

Ing. Mario Ramón Molina Santiago

Mtra. Itzel Anahí Gómez Pérez

Lic. César Andrey Torrez Ovando

Mtra. Radaí Sánchez De los Santos

Mtro. Manuel de Jesús Nápabe López

Dra. Ingrid Soledy Rodríguez de Coello

Dr. Oliverio Sánchez Cervantes

Mtro. Pedro Pérez López

Arq. Jorge Iván Toledo García

Ing. Jorge Castañón Estrada

Mtra. Paola Arlaeth Moreno López

Lic. Mauricio Náfate López

Lic. Juan Carlos del Carpio

Lic. Federico Ríos Domínguez

Dr. Cesar Germain Reyes Benítez

Mtro. Irving Enríquez Sánchez

Cap. Raul Enrique Meléndez Maza

Ing. Exal Roberto Utrilla Velázquez

Mtro. Jesús Lara Canizales

Mtro. Sergio Romeo Montes de Oca

Ing. Lizandro Velázquez Velásco

Lic. Caralampio Arbey Morales Trujillo

Lic. José Arturo Barrientos Pérez

Lic. Edgar Darío Camacho Mendoza

Dr. César Triana Ramírez

Mtra. Susy Girón Galvez

LEDF. Cristopher López Pérez

Ing. Julio Ramírez Jiménez

Tum. Eli Chentik Liñan Molina

Dr. Salomón Ángeles Ruiz

Dra. Gabriela Guadalupe Zepeda Rodríguez

O.O.A. Cristina Ruíz Pola

Lic. Alejandro Díaz Zarate

Dr. Moisés Grajales Monterrosa

Dra. Alejandra Vidal Calvo

Lic. Amanda Uc Cupul

Dr. Salomón Ángeles Ruíz

Dr. Pablo Enrique Clemente Alegría

LUMP. Alejandro Esquinca Barrios

Mtra. Cecilia Ivette Calderón Gómez

LUMP. Mauro Rosel Flores Hernández

Dra. María Fernanda Pineda Escandón

Dra. Virginia Ethel Jan Arguello

Dr. Othon Vivanco Saraoz

Mtra. Rosalía Álvarez Sosa

Lic. Ana Gabriela Moshán Sánchez

Lic. Tania Cristel Ordoñez Ramírez

Dr. Martín Velázquez Gómez

Lic. Víctor Manuel Figueroa Corchado

Dr. Gerardo Nájera Ayala

Dr. Salomón Ángeles Ruiz

Dra. Michelle Maine López Morales

Dr. Lisandro Alfaro Zebadúa

Mtra. Alejandra Sánchez Peña

Dr. Miguel Hernández Vázquez

Docentes de Diplomados

Ing. Jesús Alfredo Moreno Anzueto

Ing. José Luis Parra Betancourt

Dr. José Oscar Oliva García

Mtro. José Gray José Salas

Ing. Ruddy Alexander Osorio Espinosa

Ing. Eliber Gallardo Sánchez

Dr. Luis Miguel Pérez Juárez

Mtro. Fredy René Palacios Cano

Ing. Alberto González Díaz

Cap. E. E. A. Pedro Roque Hidalgo

Cap. P.A.C. Luis Antonio Pineda García

Ten. Met. Angel Gabriel Ortiz Mariano

O.O.A. Cristina Ruiz Paola

Ing. Enrique Guevara Ortiz

Mtra. Laura Gurza Jadair

Sinodales designados para examen de grado de Doctorado

Dr. Luis Manuel García Moreno

Dra. Naxhelli Ruiz Rivera

Dr. Juan Carlos Mora Chaparro

Dr. Jesús Ignacio Martínez Aparicio

Dr. Emiliano Leovigildo Hernández López

Dra. Magda Elizabeth Jan Arguello

Dra. Araceli Pedroza Serrano

Dr. Gontrán Villalobos Sánchez

Dr. Israel López Reyes

Dr. Milton Maridueña Arroyave

Dr. Edgar Ricardo Morgan López (Compilador para esta obra)

Dra. Sandra Urania Moreno Andrade

Dr. José Oscar Guerrero Angulo

Dr. Rogelio Aguilar Cruz

Dr. Darío Rivera Vargas

Dr. Arístides de la Cruz Gallegos

Dr. Arcenio Gutiérrez Estrada

Dr. Gustavo Rafael Aranda Hernández

Mtro. Sergio Solís Jiménez

Dra. Alma Leslie León Ayala

Dr. Benito Salvatierra Izaba

Dra. Zoily Mery Cruz Sánchez

Dr. Daniel Roque Figueroa

Dr. Francisco José Martín del Campo Saray

Sinodales designados para examen de grado de Maestría

Dr. Gontrán Villalobos Sánchez

Dr. Emiliano Leovigildo Hernández López

Dr. Edgar Ricardo Morgan López

Dra. Araceli Pedroza Serrano

Dra. Sandra Urania Moreno Andrade

Dr. Arcenio Gutiérrez Estrada

Dr. Rogelio Aguilar Cruz

Dr. Gonzalo Coporo Quintana

Mtro. Humberto González Alonso

Dr. Hiber Torricelli González González

Dr. Isaías Tranquilino López Hernández

Dr. Artemio Molina Utrilla

Dr. Daniel Roque Figueroa

Dr. Héctor Gabriel Guillén García

Dr. Roberto Trinidad Manzo

Sinodales designados para examen profesional de Licenciatura

Ing. Mario Ramón Molina Santiago

Ing. Artemio Neftalí Pérez Pérez

Dr. Edgar Ricardo Morgan López

Dr. Roberto Trinidad Manzo